シッカリ学べる！
「光学設計」の基礎知識

牛山善太 [著]

日刊工業新聞社

はじめに

　近年、レンズやミラーなどで構成された光学部品は、カメラや顕微鏡といった旧来の光学製品の枠を超え、スマートフォン用カメラ、車載カメラ、プロジェクションマッピング、各種センサのキー部品として、さらに照明系などの様々な応用分野においてますますその重要性を高めていることは、皆様もご承知のところかと思います。画像を取り込み、高精細な画像を撮像素子上に形成したり、スクリーンに投影したりする場合には現状ではレンズなどの光学部品を用いるしか術がないと言ってよく、こうした光学部品を目的に合わせて設計する"光学設計技術"の必要性も自ずと高まってきています。

　レンズには他の製品に既に使われている完成品を新しい装置に流用する、ということが難しい側面があります。使用波長域、焦点距離、明るさ（Fナンバー）だけでなく、画像に取り込める被写体の広さ、そして結像分解能も所望のレベルを求めなければなりません。さらに光の入射角度、画像の歪み、そして物体からレンズまでの距離、像からレンズまでの距離、レンズの大きさなどの寸法について等々その他にも多くの制約があります。目的の光学的仕様を満たし、できるだけコンパクトで製造コストの安いものを、と考えますと、どこかで大きな妥協をしない限り、新規に光学設計を起こさざるを得なくなります。こうして、差別化された目的に合致した光学系を得るため、あるいはその際に、ある程度妥協するにいたしましても、光学設計技術の知識を必要とされる方が増えているのだと思います。

　またコンピュータの計算能力の向上、市販の光学設計プログラムの入手のしやすさが、今までよりも光学設計を敷居の低いものにしています。そこで、レンズを使う立場の方々も含めた、より多くの方に光学設計について、よりしっかりと知っていただきたい、と思い本書を著させていただきました。

　私は、この光学設計という仕事を始めて35年以上になりますが、この仕事が好きです。どこが好きかと申しますと、なかなか説明は難しいのですが自分の力が出せて多少なりとも人様のお役に立っているということが一番かもしれません。ですが、それだけですとただ自分に適している、というような当たり前な理由になってしまいます。もう少しよく考えてみますと光学設計は、光学理論という物理

はじめに

学の範疇に含まれる理論をその拠り所としています（光がどう進む、曲がる、反射される、強め合う、弱め合う、などについて知るために）。ところが、実は数字のみを頼りにして光学系による現象を評価、改善していこうという際の抽象性（本書内では近軸理論、収差論、光路長の理論や最適化のところで顕著です）には、多分に数学的なところがあります。それと同時に当然、光学設計は実際の光学系を製造するためのものでなくてはなりません。従いましてどのように製造しようかという心づもりは設計中も非常に大切になります。

このように数学と、実際のもの造りが直結して、その結果が確認できるという作業は意外に少ないのではないかと思います。数学というものは、数学的なもの、と言ったほうがよいかもしれませんが思考の成果であり、純粋に考え抜けるものです（抜けない場合も多いですが）。うまくいくとそこには快感が生じます。そしてその結果が工業分野での新しいキーパツとして、製造技術、物理、数学の結実として、実在し、結果を目の当たりにすることができます。結局これが楽しいのだと思います。

ですから、私の捉え方ではどうしても数式と光学設計は離して考えにくいのです。いくら入門書とは言っても定性的な話ばかりで、数学的な解説のない光学設計の本は、良質な光学の入門書とはなり得ても光学設計の本としてはなかなか成立しにくいのではないかと思います。斯様な次第で、私の力不足もありますが、入門書ではありますが、本書には数式が予想外に多くなってしまいました。お許しいただければと思います（高校の数学レベルで十分理解可能ですが）。とりあえず結果のみ知り、通読後、ご参考にしていただいても結構です。いろいろな読み方でご利用いただいて、本書が少しでも皆様のお役に立てるようでしたら法外の喜びです。

最後に、本書の出版の機会をお与えいただき、何かとご尽力いただきました日刊工業新聞社出版局、鈴木徹部長に、そしてお世話になりました関係者の方々に深く御礼申し上げます。

2017 年 2 月 　　牛山善太

目　次

はじめに　　i

第1章　光学設計の概念

1-1　光学設計とは、そもそも光学系とは …………………………………… 2
1-2　光学系が実現すること …………………………………………………… 4
1-3　光学設計における結像評価の考え方 …………………………………… 6
1-4　改めて結像とはどういうことか？ ……………………………………… 8
1-5　光学設計における光学理論 ……………………………………………… 10

第2章　幾何光学と光線について

2-1　幾何光学理論の重要性 …………………………………………………… 14
2-2　幾何光学で重要な法則、フェルマーの原理 …………………………… 16
2-3　幾何光学で重要な法則、スネルの屈折則 ……………………………… 18
2-4　幾何光学において明るさを計算するための法則 ……………………… 20
2-5　光線の構造 ………………………………………………………………… 22
2-6　光線追跡について ………………………………………………………… 24
2-7　収差とは何か？ …………………………………………………………… 26

第3章　近軸理論

3-1　なぜ近軸理論を構造として採用できるのか …………………………… 30
3-2　まず倍率を考えてみましょう …………………………………………… 32
3-3　近軸光線追跡式 …………………………………………………………… 34
3-4　焦点距離 …………………………………………………………………… 36
3-5　結像を表す重要な式 ……………………………………………………… 38
3-6　レンズメーカーの式による光学系の構造 ……………………………… 40

目次

- 3-7 実物体と実像、虚物体と虚像 …………………………………… 42
- 3-8 主点・焦点距離はどこから測るのか？ ……………………… 44
- 3-9 主点・主平面の性質 ……………………………………………… 46

第4章　光学系の明るさを決めるもの

- 4-1 開口絞り ……………………………………………………………… 50
- 4-2 視野絞りと主光線 ………………………………………………… 52
- 4-3 Fナンバー …………………………………………………………… 54
- 4-4 入射瞳と射出瞳 …………………………………………………… 56
- 4-5 テレセントリック系とは ………………………………………… 58

第5章　球面収差

- 5-1 プリズムで収差を考える ………………………………………… 62
- 5-2 球面収差について ………………………………………………… 65
- 5-3 球面収差の計算 …………………………………………………… 67
- 5-4 とりあえず球面収差がなくなる条件とは …………………… 70
- 5-5 球面収差のパワー分割による補正 …………………………… 73
- 5-6 球面収差の打ち消し合いによる補正 ………………………… 75
- 5-7 球面収差図 ………………………………………………………… 77
- 5-8 光線の高さによる球面収差の違い …………………………… 80

第6章　軸外の収差、コマ収差

- 6-1 軸外結像におけるメリディオナル断面とサジタル断面 …… 84
- 6-2 軸外の収差、コマ収差と非点収差 …………………………… 86
- 6-3 コマ収差 …………………………………………………………… 88
- 6-4 正弦法則について ………………………………………………… 90
- 6-5 画面中心近傍のコマ収差を除去する正弦条件について …… 92
- 6-6 正弦条件からわかること ………………………………………… 94
- 6-7 幾何光学において重要な光路長差 …………………………… 96

- 6-8 アイコナールと結像の余弦則 …………………………………… 99
- 6-9 結像の余弦則から正弦条件を導く、そして縦倍率とは ………… 102
- 6-10 アプラナティックレンズとコマ収差 ………………………… 105
- 6-11 球面収差が残っている時の正弦条件 ………………………… 107

第7章 非点収差と像面湾曲

- 7-1 非点収差とは ………………………………………………… 112
- 7-2 スポットダイヤグラム ……………………………………… 114
- 7-3 メリディオナル像点とサジタル像点位置の計算 …………… 116
- 7-4 アプラナティズムと非点収差 ……………………………… 119
- 7-5 像面湾曲とペッツバール和 ………………………………… 121
- 7-6 ペッツバール和の重要性 …………………………………… 124
- 7-7 ペッツバール和を小さくできるレンズ1 …………………… 126
- 7-8 ペッツバール和を小さくできるレンズ2 …………………… 128
- 7-9 ペッツバールレンズ ………………………………………… 130
- 7-10 ペッツバールレンズの利点 ………………………………… 132

第8章 歪曲収差と射影関係

- 8-1 歪曲収差 ……………………………………………………… 136
- 8-2 射影関係 ……………………………………………………… 138

第9章 色収差

- 9-1 光の波長について …………………………………………… 142
- 9-2 分散とアッベ数 ……………………………………………… 144
- 9-3 2枚のレンズによる色消し ………………………………… 147
- 9-4 2次スペクトルの除去 ……………………………………… 149
- 9-5 倍率の色収差 ………………………………………………… 151

目　次

第 10 章　総合的に収差を考える

　　10-1　完全対称型のレンズについて ………………………………… 154
　　10-2　対称系レンズの無限倍率使用 1 ………………………………… 157
　　10-3　対称系レンズの無限倍率使用 2 ………………………………… 159
　　10-4　ピントずれと焦点深度 …………………………………………… 161
　　10-5　横収差図の読み方 1 ……………………………………………… 163
　　10-6　横収差図の読み方 2 ……………………………………………… 165

第 11 章　周辺光量

　　11-1　周辺光量について ………………………………………………… 168
　　11-2　一般的な周辺光量の計算 1 ……………………………………… 170
　　11-3　一般的な周辺光量の計算 2 ……………………………………… 172
　　11-4　周辺が暗くならない光学系、輝度不変則 …………………… 174
　　11-5　周辺が暗くならない光学系、瞳収差 ………………………… 176

第 12 章　光学系の評価と最適化

　　12-1　光学系の性能評価 ………………………………………………… 180
　　12-2　回折による解像限界について ………………………………… 182
　　12-3　MTF ……………………………………………………………… 184
　　12-4　MTF とフーリエ変換について ……………………………… 186
　　12-5　MTF 図の読み方 ………………………………………………… 188
　　12-6　コンピュータによる最適化 …………………………………… 190
　　12-7　最適化における対応力 ………………………………………… 192

参考文献　　　194

第 1 章

光学設計の概念

1-1 光学設計とは、そもそも光学系とは

これから、光学設計についてご説明します。光学設計とは一般的には、レンズ設計のことです。レンズだけではなく光を反射する鏡を用いる場合もあるので、より一般的に「**光学設計**」と呼ばれています。

この本を手に取られている方は、多少なりとも光学設計の必要性をご存知だと思いますが、光学設計という技術で何ができるのか、最初に大まかにお話しさせていただきます。

簡単に言えば、光学設計とは、レンズとかミラーを含む光学系を設計することなのですが、実はこのレンズ、設計において設計者が設計で決められる要素は意外に少ないのです。図1（a）（b）をご覧ください。基本的なレンズの組み合わせによる光学系の構造です。これをどう駆動するか、どうレンズを保持するのかに応じて複雑な機構、電気・電子部品が付加されますが、像を形成するという光学的な本質からすると、このような単純な形に行き着きます。

幾つかのレンズが並んでいて、光の通り道の太さを変えられる**絞り**が内在しています。そしてここまでは光学設計者が関与しなければならないのですが、いろ

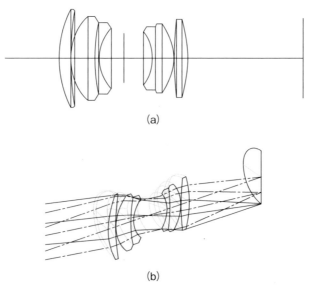

図1　基本的なレンズの組み合わせ構造

1-1 光学設計とは、そもそも光学系とは

いろな距離にある物体の像を、フィルム、撮像素子に映したければ、光学系全体、あるいはその一部を被写体から適当に遠ざけたり、近づけたりすることも考えなければなりません。いわゆる**ピント調整**です。レンズはこうした単純な要素でできているので、設計者のできることは限られてきます。

それではレンズとは単体で考えるとどういうものでしょう。**図2**をご覧ください。透明なガラスの円柱の両底面に曲率が付いているシンプルなものです。曲面は多く

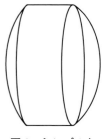

図2 シンプルなレンズ

の場合、球面の一部です。最近は球面から少し離れた形状を持つ非球面もよく用いられて、大きな成果を上げていますが、とりあえず光学設計の基本を知る上では球面と考えていただいて十分です（本書では球面のレンズにより構成された、光軸に対して回転対称な光学系を主な対象として解説します）。そしてこれら回転対称な要素が共通の回転対称軸（光軸と呼ばれる）を中心として一定の間隔をおいて配置されます。

いずれにしても、この曲面の形状、そして径と、面と面との間隔、そしてガラスの種類しか、設計者はコントロールすることはできないのです。さらに、光学系全体で考えても、レンズ同志の間隔、絞りや、光線をカットする遮光板の径や位置、ピント調節のためのレンズ群の移動のしかた以外は、設計で変更できることは一般的にはないのです（**図3**）。これらの要素を適切に決定していくことにより、目標の光学系性能を実現させる、これが**光学設計**です。

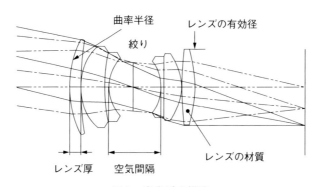

図3 光学系の構造

1-2 光学系が実現すること

光学系の働きとはどのようなものでしょうか。様々な場面でその結果を我々は必要とし、光学系を用いています。

(1) 結像（図1）

カメラ等で写真を撮ることは、被写体の像をフィルム、あるいはCCD、CMOSのような撮像素子上に得ることです。その逆にプロジェクターのようにスライドや液晶画面を像として大きく映し出す場合もあります。

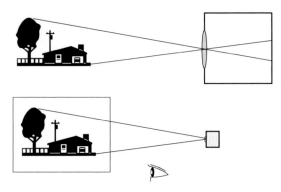

図1　結像させる

(2) 拡大してみせる（図2）

顕微鏡、望遠鏡やルーペ等には、観察する人間の眼に被写体の像を見せる役割があります。人間に見せるため、というところで、構造上も結像系とは異なってきます。拡大して見せるだけではなく、人間の眼がピントを合わせやすい光を出さなくてはなりません。人間の眼を光学系の中に含めてしまえば、網膜を像面とした**結像系**と考えることもできます。

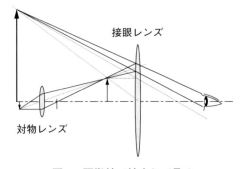

図2　顕微鏡で拡大して見る

(3) 照明（図3）

光源からの光を照射し、所望のところを明るく照らす**照明系**、この役割にもレ

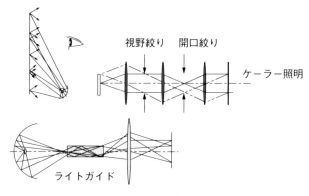

図3　照明する

ンズや鏡で構成される照明系が用いられることになります。顕微鏡からパソコン等の表示画面、そして自動車のヘッドライトにまで、多くの領域で必要とされています。

(4) 投光（図4）

照明と似ていますが、何か特定の被照明物を照らすのではなく、光を放って、見る人あるいはセンサに何

図4　投光する

らかの情報を与えるしくみが投光系です。自動車のテールランプ、信号灯等がその代表的なものです。

(3)、(4) の役割についての設計は、これまでは副次的なものでしたが、今日重要性が増しています。LED光源の普及も相まって、照明系、投光系に高い品位が求められ、多様な場面での対応が求められるからです。また照明系で照明した被写体を結像系で像にするという、体系立てた考え方の設計がより効率的なことは言うまでもなく、その際にも照明系設計は重要となります。

しかし、これら照明系・投光系光学設計については、それだけで十分単行本1冊程度の内容がありますので、詳説は別の機会に譲り、本書では主に (1)、(2) の役割について扱います。結像系理論は光学設計の基本で、何はさておき重要であり、また照明系光学設計の基礎ともなるものです。被写体、あるいは光源からの光を、光学系を通してどこかに導く、という光学系の本質には何も変わりはありません。

1-3 光学設計における結像評価の考え方

光学系を設計する場合、特にそのうちの結像光学系を設計する場合に、光学系の性能の良し悪しを判断することは、そこから得られる画像の良し悪しを判断することに他なりません。その画像の評価の考え方について説明させていただきます。

画像を作る場合には、その対象となる被写体というものが存在します。平面の対象でもあり、人の顔でもあり、非常に遠方の風景かもしれません。光学設計ではこうした被写体を全て点の集まりと考えてしまいます（図1、2）。微小な画素と考えてもよいかもしれませんが、それらが自ら、あるいは何かに照明されて光っているのです。

そうした点光源からの光がどのように、どの場所に、光学系を通じて再び点として集結するか、これを評価します。そしてこの評価を結像される被写体上の全ての点光源に行い（無限にあるので実際には全ては不可能ですが）、画面全体の評価を終えます。

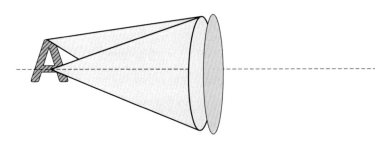

図1　点光源からレンズに入射する光の円錐

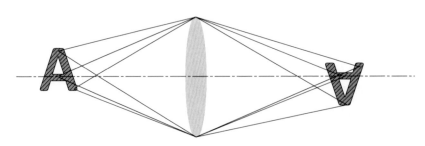

図2　点光源の集合としての被写体

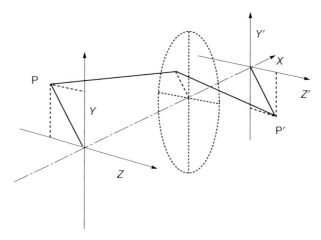

図3 本書における物平面上、像平面上での光線通過位置の座標系。
Pは物点、P′は像点。

　ただ、あまりにも多くの点光源を設定しすぎると、いくらコンピュータを使っても計算時間が膨大になりますし、またあまりサンプルの情報が多すぎても、かえって大局性もなく、見通しも悪くなってしまいますので、適当な数の代表点が選ばれます。また、点光源からは幾何光学的には何本かの光線が発生させられることになりますが、どのような方向に光線を発生させるかというのも大切になります。

　それらの**サンプル点**、**サンプル光線**は、いろいろ合理的に選択できるように工夫がされています。光学系の回転対称性もこうした点を選択する際の重要なファクターになります（**図3**）。本書では、今後こうした内容にも触れていくことになりますが、ここで特に重要なことは、「点像の再現の評価が光学設計では中心となる」ということです。

1-4　改めて結像とはどういうことか？

　ここで、改めて結像とはどういうことか考えてみましょう。光学設計にとっては根本的な問題です。問題をシンプルにするために平面上にひとつ存在する**点光源**を考えます。結局、我々が欲しいのはこの点光源を空間的に別の平面上に移した、複製です。もちろん、点光源そのものを動かすのは難しいので、点光源の姿の複製を得たいのです。姿を写すとは、とりあえずは我々からの見た目を同じにすることです。つまり複製先の平面上の明暗を被写体平面上と同じようにしなければなりません。そのためには、点光源の並びから発する光を複写平面上にできるだけ被写体から出たのと同じような条件で集光してやる必要が出てきます。これが**結像**です。

　図1にあるように点光源の集合体である被写体の前方に、ただ、印画紙を置いただけでは光源からくる広がった光を受けるだけで、被写体面上の模様は再現されません。このために、レンズや鏡などの光学系が必要となるわけです。

　また、レンズ等を使うだけが結像の方法ではありません。例えばピンホールカメラです（**図2**）。衝立に穴が空いているだけです。小さい穴です。小さい穴ですので点光源から到達した光は、あまり大きくは広がらないという見方もできます。例えば被写体面上に三つの点を光源として並べ、適当に距離が離れていれば、もう点とは呼べる大きさではないでしょうが平面上に三つの明るい光の広がり、光斑が写ります。こうしたボケを伴いますが風景も写せるわけです。

　さらに、なんらかの方法で光を曲げる力を空間にかけられれば、点光源から出た光を再び集合させられることになります。宇宙空間ならば重力レンズと呼ばれる現象があります。また、より実現性のある方法としては、**図3**でレンズのある位置に点光源からそこに到達する光の、測定位置ごと、進行方位ごとの光の強さ

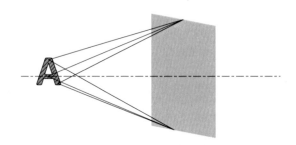

図1　結像が生じない場合

1-4 改めて結像とはどういうことか？

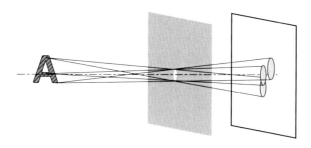

図2 ピンホールカメラ

を記録できる装置を配置したとします。するとこの装置の大きさの範囲で、点光源から出ている光の方向と強さの情報が得られますので、当然、その出所である光源の像も（しかも立体的に）、あるいはその装置通過後の光の広がり方も再現できることになります。

デジタル・カメラにおけるような電子画像では画像処理計算によりこうした再生像が得られる場合もあります。また、レーザ光の干渉によりこうした光の方向と強さの情報

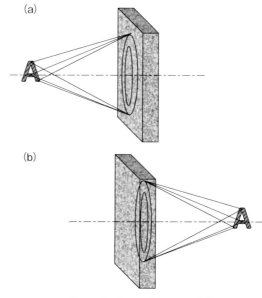

図3 光の記録装置　(a)記録　(b)再生

を記録するのがホログラフィーと呼ばれる技術です。

こうした結像のための手法は、その精密さ、自然さ、あるいはその処理時間の観点からはレンズ等の光学系を用いた場合のレベルに達していないかもしれません。しかし、特にその中に情報処理系が含まれるデジタル出力光学系においては、常識を覆すような製品が開発される可能性もあり、光学設計者も心しておかなければならない内容かもしれません。

9

1-5　光学設計における光学理論

　理想に近い結像を得るために光学設計においては光学系を通過する際の光の挙動を知ることは、当然、非常に重要となります。そのために光を主に以下の光学理論で扱うことになります。

(1)　幾何光学理論

　光を幾つかの光線というエネルギーの通過経路で表現する理論です。日常的な光と影の観察等から直感的に理解しやすく、計算も軽く、計算量、その誤差累積の観点からも、非常に広範囲の空間に適用できます。

(2)　波動光学理論

　波長に近い空間に光が収束する場合には、より精度の高い波動光学理論が必要になります。光を波として扱うので、光が集中する空間でのエネルギーの強さ、あるいは干渉や回折という現象も扱えることになります（図1）。ただし、光の振動の偏り・偏光、あるいは波長オーダーの非常に細かい構造を持つ光学素子における光の挙動等、密封された狭い領域内における光の挙動を知るためには、マクスウェルの電磁波理論に基づく電磁波光学が必要になります。
（光のエネルギーが非常に強い、あるいは逆に弱い場合には、さらに量子的な考察が必要になります。）

　電磁波光学の領域も、撮像素子の構造が高密度化により非常に微細なものとなり、精密な回折光学素子が利用される場合も稀ではなくなり、光学設計の仕事と

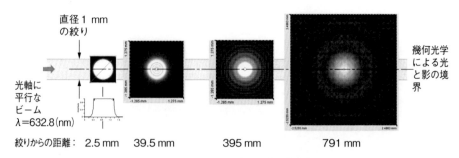

図1　円形開口の回折像振幅分布
直径1 mmの穴を通過した光のシミュレーション。
回折現象により、幾何光学的影の部分に光が徐々に広がっていく。

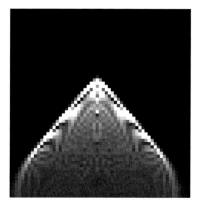 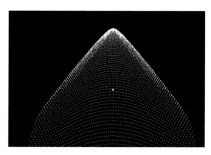

図2　1mm四方の結像のシミュレーション
左は波動光学理論、右は幾何光学理論による。幾何光学では一般的なPCでも数秒で計算できるが、波動光学では数時間を要する。右の幾何光学でも光の広がりの輪郭はよく捉えられている。

微妙に重なってくることも考えられますが、光学設計の基礎を勉強する際には上記（1）、（2）の範囲での光学理論を心得ていれば十分です。

　後述していきますが、光学設計には非常に多くの演算量が必要になります。従ってできるだけ簡素な計算手法を採用することが、実務上は非常に重要になります。本来は、計算可能な最も精度の高い光学理論を常に採用することが、理論選択の間違いも起こらず、望まれますが、上記（1）（2）の理論計算の間においてですら、0の数が二桁、三桁と計算時間が異なってくるので、精度と時間（計算コスト）のバランスの良い最適な計算理論を採用せねばなりません（**図2**）。

　また、これとは別の意味で、必要十分で、できるだけ簡素な理論を用いることは、その理論内での定式化、数式的な解析も簡素になることを意味し、設計の際に大いに役立つ直感的に優れた洞察を齎すことになります。本書の目的もこうして得られる光学設計理論のエッセンスを、解説することにあります。

第 2 章

幾何光学と光線について

2-1 幾何光学理論の重要性

　ここから幾何光学理論について説明させていただきますが、実は光学設計の多くの時間はこの幾何光学的な計算のために費やされます。幾何光学では、波長より遥かに大きな領域内の精度ならば光の挙動をうまく表現できます。光学設計者が設計時に自由に値を変えられるレンズの曲率、厚さ、ガラスなどの設計ファクターは、幾何光学的領域の光学的挙動に直ちに大きな影響を与えます。つまりこうした設計ファクターの間違った決定は、幾何光学での計算結果にはっきりと不適切さとして表れます。基本的には「波動光学理論は幾何光学理論の結果の精度を高めるもの」ですから、この不適切さを除去するためにはとりあえず、幾何光学理論内での計算が主になり、**幾何光学が光学設計技術の主役**となるのです。ですから本書では以降しばらくは、主に幾何光学について解説させて頂きます。

　それでは幾何光学とはどのような考え方をする理論でしょうか？ 幾何光学の伝播モデルとは、エネルギーを持つ粒子が空間を飛来しているイメージです。その軌跡を光線といいます。古代では藪から棒にそのようにイメージされた訳ですが、光線が狭い領域に収束すると、非常に高エネルギーの集中が見られること、逆に発散すると暗くなること、光と影のでき方などをうまく説明できました（図1）。しかし現代では19世紀に確立されたマクスウェルの電磁方程式から近似の一形態として幾何光学を導くことができます。

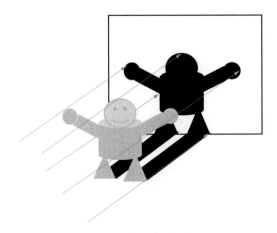

図1　幾何光学的な影

図2　波紋の広がる様子

　その導出の詳細は割愛しますが、例えば水面に小石を投げ入れると波紋が広がります。一個投げだけでは波紋が一つポツンと広がっているだけですが、連続的に小石を同じ位置に投げ続けると、波紋が発生し続け広がっていきます（**図2**）。これを光ることのアナロジーと捉えると（二次元と三次元の違いはありますが）、波紋は波面という名称に変わり、この波面が波のエネルギーが伝播していくことを直接表すことになります。それでは、どの方向に？　それは波面と垂直の方向にということになります。その方向に波面は大きくなっていく訳です。

　幾何光学ではこの波面に垂直な直交している方向に補助線を書き入れ、これを**光線と定義**しました（図3）。この光線というものでエネルギーの流れを考えていこうというのが、幾何光学です。光線の光学ということもできるでしょう。補助線であるので、光の挙動調査のために書き入れる本数は自由というのも注目すべきところです。

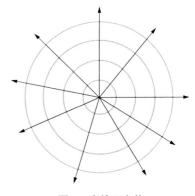

図3　光線の定義

2-2 幾何光学で重要な法則、フェルマーの原理

さてここで、とにかく重要な二つの幾何光学を司る法則（フェルマーの原理、スネルの法則）について紹介します。

フェルマーの原理とは

"光は一番時間が最短となる経路を通る。"

というものです（場合によっては最大になる場合もありますが）。レンズに用いられる光学ガラスの性質を表す重要な数値に屈折率というものがあります。これはどのスコープの光学理論にも非常に重要な定数ですが、光の真空中の速度と、このガラス内での速度の比を表しています（絶対屈折率）。実際には同じ距離を通過する際の時間の比で表されているので、屈折率1.5ということは1.5倍時間がかかり、速度は真空時に比べて1/1.5ということになります。ですから光が進む距離とその場所の屈折率を掛けてみれば（光路長という重要な量です）、真空中を同じ距離進む場合との通過時間の比がわかります。この時間が最短になるように進むということは、フェルマーの原理によると屈折率が一定の均質な媒質（ガラス）内では当然、直線が最短経路となり、光は直進することが導けます。また屈折率が均一でなく分布していれば、光は曲線経路を選択する可能性も出てきます。自由空間を光がどう進むかを示す法則です（図1、図2）。

また、より正確な表現としてはフェルマーの原理は光路長が極値（停留値、図3）となるように光線が進むということですから、少し光線経路を進行方向と垂直に微小な量 ε ずらして計算した場合（図4）、ずらす前との光路長の差は非常に微小な量（δ の2次以上の微小量）になるという表現ができます。

ところで光学業界では空気中で用いられる光学系を扱う場合が圧倒的に多いので、屈折率は空気に対しての速度の比（相対屈折率）としてガラスカタログなど

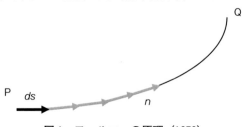

図1　フェルマーの原理（1650）
屈折率が一様でない空間を進むときも微小に区切った距離とその空間の屈折率 n を乗じて光路長を得、PからQまで合計する。この光路長が最短になる経路を光は通る。

では表示されています。ですから真空の空間を考慮せねばならない時には真空中の屈折率としては 1 ではなく 0.9997 という値を用いなければなりません。光学ガラスの屈折率の製造公差が一般的には－±0.0007 から 0.0003 ぐらいなので、これは意外に大きな差です。

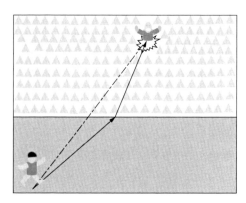

図 2　最短時間の原理
海で溺れている人を救う時、泳ぐより走る方が早い人は、少し陸地を余分に走ってから海に飛び込む。その方が早く到着できる。光もそのように曲がる。

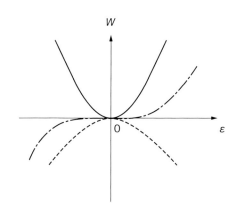

図 3　極大、極小を含む停留点

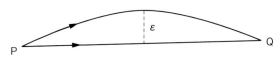

図 4　進行経路の微小な変化

2-3　幾何光学で重要な法則、スネルの屈折則

スネルの法則は屈折率の異なるガラスなどの透明の媒質が接している境界面において、光線がどのように挙動するかを表す法則です。境界面前後の屈折率をn_1、n_2として、境界面に垂直に立てた法線と入射光線のなす角度をθ_1、屈折光線のなす角度をθ_2とすれば、

$$n_1 \sin \theta_1 = n_2 \sin \theta_2$$

で表されます。鏡面の場合には法線を挟んで逆の方向に同じ大きさの角度で光は反射されていきます。

$$\theta_1 = -\theta_2$$

これらの2式を合わせてスネルの法則と呼びます（**図1**）。フェルマーの原理により自由空間中、スネルの法則により媒質境界面における光線の進行方向がわかることになります。レンズは光学的には幾つかの屈折率の異なる媒質の境界面でできていますので、こうして光線の進み方も計算できます。この計算を光線追跡と呼びますが、レンズによる像のでき方がかなりの精度で推測できます。

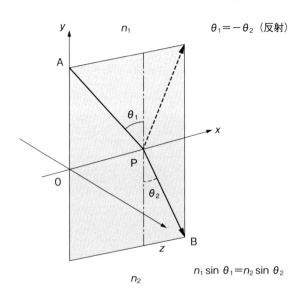

図1　スネルの法則
sinは1以上の値がとれないので、屈折率が高い方から低い媒質に入射するとき、解がない場合がある。このときは<u>全反射現象</u>が起き、すべての光が反射される。

幾何光学の補助定理マリューの定理

　ここで、フェルマーの定理や、スネルの法則のように光線の行方を決めるような派手さはありませんが、幾何光学的現象の理解のためには、やはり重要な**マリューの定理**について、説明します。

　水面に波紋が発生する話は 2-1 項でいたしましたが、波紋は水、あるいは水面上の条件が均一であれば、どの方向にも同じ速度で広がっていきます。光のエネルギーもこのように進行していきますが、光の場合は 3 次元空間を進むので波紋は球表面状となります。この四方八方に点光源から光が同じ時刻に達している位置の形成する面を波面と呼びます。

　水面において、水の粘り等が極端に違う部分が存在すると、波紋は円とは異なるいびつな形になることは容易に想像できますが、波面の場合も同様で空間中に屈折率の異なるところがあれば、波面は球表面からずれた形になります。ということは、波面の形を調べれば、光が通過してきた媒質の状態も、推測できることになります。また光路中の屈折率の異なる透明媒質の境界面において、光の速度が変化するわけですから、波面はその形を変えます。

　光学系がその進行経路中に存在し、形は変わっても、光の束（光束）が通過している幅、広さに関して波面は存在し続ける。それがマリューの定理の内容です。例えば、点光源から発生した球面状の波面が複数のレンズなどで構成される光学系に入射した時、光線がその光学系から射出できれば、射出できた光束の範囲で形は変わっているかもしれませんが、連続曲面である波面は存在するということです。もしこの波面がやはり球面状であれば、一点に収束していくことになります（**図2**）。

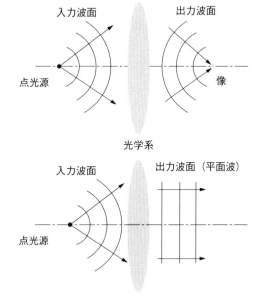

図2　マリューの定理

2-4　幾何光学において明るさを計算するための法則

　光線追跡計算によって光線の進行経路がわかり、フィルムなどの像面上における到達位置も判明します。多くの光線の到達具合により画像としての精細さが評価できると同時に画像の明暗も解析できるようになります。画面上隈なく明るく写真が撮れるかどうかは結像系としての性能評価として重要なもので、さらに照明光学系においては明るさの評価は中心的な評価項目となります。

　光学系の再現する像の明るさは以下のように扱うことができます。ある時刻の波面の面積を S_1、その面上での単位面積あたりに通過するエネルギーを I_1 とします。また時間が少し経って、その時刻に波面が面積 S_2、その面積に通過する単位面積当たりのエネルギーを I_2 とするとき以下の関係が成り立ちます（**図1**）。

$$I_1 S_1 = I_2 S_2$$

これを**幾何光学的強度の法則**と呼びます。単なるエネルギー保存則のようにも見えますが、光は波動ですので、電磁気学的側面から、幾何光学的近似の範囲において、上記のような表現が可能かどうかの検証が必要となります。こうした検討については巻末の参考文献をご覧ください。

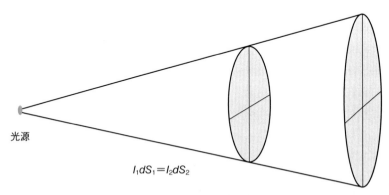

$$I_1 dS_1 = I_2 dS_2$$

観察面上の光線の密度が小さくなると、観察面上での明るさは暗くなる

図1　幾何光学における明るさの概念（幾何光学的強度の法則）

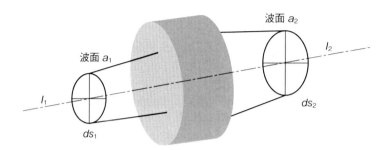

図2　幾何光学的強度の法則は光路の途中に光学系が存在しても成立する

　この式が適用できれば、光学系に入射する波面の面積とその面に於ける明るさが入力条件としてわかっていて、マリューの定理によって光学系透過後も波面は形成され続けますので、変形しているかもしれない波面の面積がわかれば、その面積上の単位面積当たりのエネルギー、つまり明るさが計算できます（**図2**）。光学系により光源の小さな像が形成される際には、できるだけ大きな角度で、微小な光源からの光束を取り込むことにより、単位面積あたりに多くの光のエネルギーを集められることが概念的にもわかります。

　明るさを定量的に得るためにはいろいろな方法がありますが、今日の照明設計のためのシミュレータはこの考えに基づいて照度等を計算しています。これも重要な法則です。実際には照明系に於けるような光が広がってしまう場合には、数百万、数千万あるいはそれ以上の大量の光線を追跡することにより明るさが計算されます。

2-5 光線の構造

　光線は任意の補助線なので、いくらでもその数を変化させて考えることができます。(当然、一本一本の表すエネルギーについては検討せねばなりませんが。)そしてそれぞれの光線は自由空間を進むときにはフェルマーの原理に基づき、例えば均質の媒質中では直進します。境界面ではスネルの法則に従い屈折、あるいは反射します。ですから一見、幾何光学的には光線同士は互いに無関係に進行してしているようにも見受けられます。

　ところが光というものは、本来光線のような離散的なものではなく、むしろ水の流れに近い連続的な広がりを持っています。実は幾何光学的にもこの性質は存在しています(**図1**)。フェルマーの原理とマリューの定理の存在により近傍の光線同士は、関係性を持たざるをえなくなります。ただの線ではなく近傍の多数の光線の性質を代表するサンプルでなければなりません。そこに光線の構造とも呼べるべき仕組みが存在しています。光線はただ一本だけ突飛な動きをすることはできないのです。

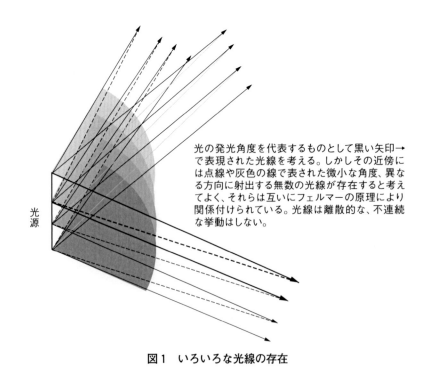

図1　いろいろな光線の存在

2-5 光線の構造

　この構造は、光線の経路が極値をとる、つまり光路長の変化の微分が0になる経路を進むというフェルマーの原理、そしてマリューの定理によって光線がそれぞれ直交する連続的な波面も形成され続ける、という事柄から導くことができます。その関係性の導出については後述させていただきますが、結果として、図2のような関係が代表光線とその近隣に隠れている光線の間に存在します。発光している、あるいは光線が通過している微小面積の長さdrと、光線が光学系通過後、到達する微小長さdr'、そしてそれら領域に発着する際の光線同士のなす微小な角度$d\beta$、$d\beta'$に関係性がでてきます。簡単にいえば、射出時の長さ、角度が一定だとすると、像側の長さが拡大されれば、角度は小さくなり、角度が大きくなれば長さは小さくなるということになります。

　この構造の理解は、今後本書に出てくる設計の条件、光学系の構造を考える上で非常に重要になります。光学系のパフォーマンスを勝手な振る舞いをする光線の集まりによるものとだけ考えると、非常に重要でありながら、なかなか直感的に理解できない法則、ルールが登場してきます。因みに照明系設計においてのみならず結像系設計においても非常に重要な輝度不変則もここから導出できます。

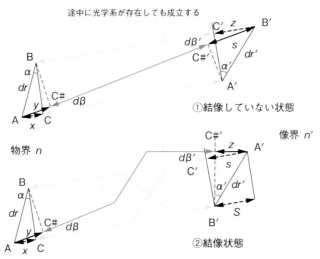

$$ndr\sin(\alpha+d\beta) - ndr\sin\alpha = n'dr'\sin(\alpha'+d\beta') - n'dr'\sin\alpha'$$

6-7項(1)(5)式より

　光路長について $y-x=s-z$ が常に成立。光源側の dr を変化させずに、光学系の倍率を変えて像の dr' を長くすると、像界での光線同士の角度 $d\beta'$ を小さくしないと $s-z$ の値が変化してしまう。
　図中の点 C、C#、C'、C#'において光線と補助線は直角に交わっている。

図2　光線の構造

2-6 光線追跡について

　ここで具体的に光線の進行経路を得るための光線追跡について考えてみましょう。光学設計においては、結像状態を知る上で光線追跡は非常に重要な、解析のための手段です。以下の手法は最も基本的な三角追跡法と呼ばれています。実際の光学設計プログラムでは2次元面内での追跡を3次元的に拡張したSkew光線追跡という手法が用いられていますが、この三角追跡法はその基本であり、そこからも有益な情報が得られます。簡単にプログラミングすることもできます。

　最初に正負の符号の取り決めについて説明させていただきます。少し複雑なようにも見えますが、この取り決めをしっかりしておくことによって、例えば初期値がプラスでもマイナスでも関係なく汎用的に公式を利用できることになります。本書中では以降、このルールに従っていきますので、わからなくなったらこのページをご参照ください（図1）。

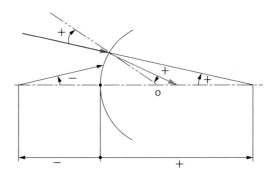

図1　正負の方向の定義

　基本的に光線が出発する光源、或いは物体は、光学系の左に置かれることが前提です。まず角度についてですが、屈折点を中心に張られる角度 i、i' は、光線から曲面の法線に向かって時計まわりに測られる場合を正とします。光線と光軸（光学系の回転対称軸）となす角度 U、U' は、光軸から光線に向かって時計まわりに測られる場合を正とします。これらの角度は90度以内とします。距離は境界面を原点とし（物体や像からではありません。）そこから右に測る場合を正とします。従って、図2においては設定された角度、距離はすべて正となります。

　さて、光線追跡についてですが、図2から明らかなように

$$r\sin i = (L-r)\sin U \quad (1)$$

$$\sin i = \frac{L}{r}\sin U - \sin U \quad (2)$$

スネルの屈折則より

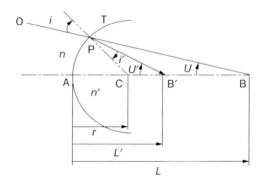

図2　三角光線追跡法

$$\sin i' = \frac{n}{n'} \sin i \quad (3)$$

さらに、図から明らかなように

$$U' = U + (i - i') \quad (4)$$

という式で、屈折角 i' と、屈折後、光線が光軸と交わる角度 U' がわかることになります。道筋は単純ですが、計算に際してはどうしても電卓等の計算機は必要になります。計算機が存在しない時代の光学設計が如何に大変であったかが、こうしたところからもしのばれます。さて、交点 B′ の位置は

$$r \sin i' = (L' - r) \sin U' \quad (5)$$

の関係から

$$L' = \frac{\sin i'}{\sin U'} r + r \quad (6)$$

として得られます。後続の屈折面については、面頂点の光軸上の間隔を d、次の面の新たな入力値 L、U をそれぞれ L_2、U_2 と表せば

$$L_2 = L' - d \quad (7)$$
$$U_2 = U' \quad (8)$$

として引き続き計算していくことができます。最終的に光学系から射出した光線が光軸とまじわる位置（ここでの追跡は光軸を含む面内で、計算されていますので、光軸と平行になる時以外は、必ずどこかで光線は光軸と交わります。）角度がわかるわけですから、任意の位置の、光軸に直交する面（フィルムなどの像面）における光線到達点も計算できることになります。

2-7 収差とは何か？

図1をご覧ください。中央に曲面があって、そこから左の屈折率は1、右の屈折率は1.5です。そして曲面のある開口の部分にだけ光が通るようになっています。この曲面は球の一部ですがその曲率中心と面の中央を結び延長した線を光軸と呼びます。この光軸の上に発光する点、点光源が存在しています。点光源から発した光線が異なる屈折率の境界面に達し、屈折、そしてまた進みます。この時、屈折はスネルの屈折則に基づいて起こります。そのように計算した光線の経路が図1に示されています。やはり、光線たちは互いに収束しようとしているようにも見えますが、一点に再び集まることはありません。仮にもし、屈折後、光線がすべて一点に収束すれば、そこに点光源の像、点像ができることになります。そして、ここにフィルムや、CCD素子をおけば点光源の像が完璧に再現されることになりますが、図を見ると実際の計算上、つまり物理的にはそうはうまくいかないようです。この、スネルの屈折則の計算値と、理想的な点像のずれを収差と呼びます。換言すれば、収差がゼロであれば理想的な点像が得られるわけです。

さて、そこで問題になるのが、その理想像点を光軸上のどこに決めるかということです。図1をよく見ていただくと、光軸から離れた高い位置で境界面に入射する光線ほど、極端に曲がっていることがわかります。入射位置を徐々に下げて光線を見ていくと、光軸上のある一点に向かう様に光軸をよぎる位置が変化しています。ですから、この低い位置に入射する光線の高さをさらに下げていけば収束点が探せるようにも思えます。しかし実際には入射高が低くなればなるほど入射角も小さくなっていき、スネルの法則による、その計算値は0で割り算をするのに近い状態になり、どんどん不正確なものになってしまいます。無限に高さを0に近づけるということは、実際の計算上ではコンピュータが非常にパワフルな計算能力を持っているとしても限界があります。

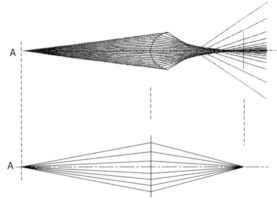

図1（上） 収差の発生
図2（下） 同じ光学系における近軸領域における結像。このように高さ方向を拡張して表現する。

そこで、数学的な手段を用います。高さ h が 0 に近づく時、$\sin\theta$ は限りなく θ に近づきます。sin は多項式では以下のように表せます（テイラー展開・Taylor expansion）。

$$\sin\theta = \theta - \frac{\theta^3}{3!} + \frac{\theta^5}{5!} - \frac{\theta^7}{7!} + \cdots \quad (1)$$

右辺の項数がどんどん増えていくと精度も上がっていくという便利な展開式です（図3）。もし θ がものすごく小さい数であれば、右辺2項以降の θ の3乗以上の項はものすごく小さい数を3回以上掛け合わせたものになりますから、さらに微小な数になり無視できるという、考え方をします。従ってここでの収束位置は、スネルの屈折則を

$$n_1\theta_1 = n_2\theta_2$$

として計算した収束点、と言うことになります。光軸に近い光線に当てはまる理論なので、この考え方を近軸理論と言います。

この近軸理論で計算してみると点光源から射出した光線はすべて一点に集まります（図2）。これを近軸像点と呼び理想的な像点とします。そしてこの近軸像点からの、光線の光軸を横切る位置のずれを、あるいは近軸像点にフィルムを置けば、そのフィルム上を光線が横切る点のずれを収差と定義します。

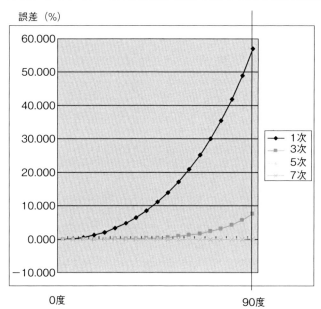

3次近似では60度付近でも数％程度の誤差。この3次近似は精度、計算負荷、計算結果の見通しのバランスが良く、3次収差論という光学設計においては、1次近似の近軸理論と同様に、非常に有用な理論を形成する。（5次と7次の値は、この図ではほとんど差がなく重なってしまっている。）

図3　sin 近似の精度
系列1、2、3、4がそれぞれ、(1)式の1次、3次、5次、7次近似の誤差を表す。横軸は角度。

第 3 章

近軸理論

第3章　近軸理論

3-1　なぜ近軸理論を構造として採用できるのか

近軸理論は

$$\sin\theta \approx \theta$$

という近似を用いるわけですが、このθが非常に小さい時の値を、決して小さくはない入射角θを含む光学系全体のパフォーマンスの基準としてよいのでしょうか？

　それは結局、光学系を構成するレンズや鏡などの要素が、回転対称な形をしているから可能なのです。これらが球面の一部で構成されていることを考えれば、回転対称性が生まれることは当然のことです。そして回転対称のレンズ等の光学的要素が互いの回転対称軸を共通にした光軸上に配置され、全体の光学系が成立しています。これが光学系の合理的な基本構成です（図1）。

　さらに光学系においては光の量をコントロールすることも必要です。あまりに明るい光源の像を得ようとすれば、フィルム、CCDの受光特性や許容限界に合わせて光量を下げる必要が出てきます。人間の目にもこうした機能が備わっているわけです。図1で言えば入射する光線の幅を制限する機能を中央の絞りが受け持ちます。この時、この絞りと呼ばれるものは、回転対称な光学系では、光軸を中心に円形の開口が閉じたり開いたりする構造が合理的です（図2、図3）。

　絞りを絞った場合には、必ず光軸に近い、つまり近軸理論が成立する光線が光学系を通過することになります。絞りが開いていても必ずこうした近軸理論に準拠する光線が存在していることになります。そのため、これら近軸光線の像点をすべての光線の到着位置の基準点とすべきことがわかります。他の点を基準とすれば近軸光線の像点とずれてしまうからです。**光学設計・レンズ設計とは、「近軸理論で決まる点に近軸領域以外の光線も到達させてしまう技術」**と言えるでしょう。光学系の回転対称性、そして光軸という概念はこの本の中でも非常に重要な概念です。ですから2-7項の図2のような拡張表現が可能なのです。

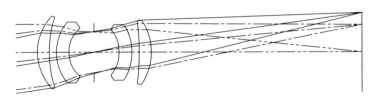

図1　光学系の基本構成、共軸光学系

3-1 なぜ近軸理論を構造として採用できるのか

　実際の光学系には、狭い空間に光学系を折り畳んだりせざるを得ない場合、図4にあるような回転対称性が失われているものもあります。こうした場合には、光軸、近軸理論という考え方が単純に適用できません。ただ、こうした場合は決して多くはなく、また拡張された近軸理論がこうした光学系の構成を考える場合にも有用となります。

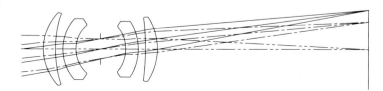

図2　光学系の基本構成、絞る

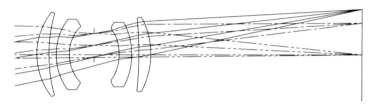

図3　わざわざこのように絞りを設定することはない

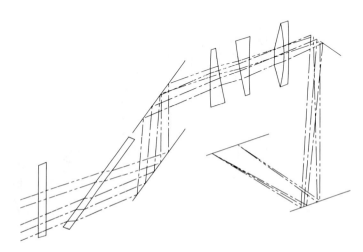

図4　非共軸光学系

3-2 まず倍率を考えてみましょう

近軸理論により、物体と像を含めた光学系全体の構造を具体的に考えてみましょう。まず倍率、という概念を足がかりとします。図1にあるように1つの屈折面を考えます。この面による結像が光軸上のP点、P′点で起きていてそこに長さyとy'の物体と像が存在しているとします。屈折面の光軸上の頂点Qに向かい図のように光線が物体端Aから射出しQで屈折し像の端Bに到達するわけです。近軸領域のスネルの屈折則により$\sin\theta$はθとなり、

$$n\theta = n'\theta' \quad (1)$$

の関係が成立します。従って近軸領域では$\tan(\theta) \sim \theta$としてよく(図2、図3)

$$ny/a = n'y'/b$$

となります。ここで、Pから出発して曲面上高さhで入射する光線を考えます。当然この光線は共役点P′に達します。この光線の光軸となす角度を物界、像界でそれぞれu、u'とすれば$u=h/a$、$u'=h/b$なので

$$nyu = n'y'u' \quad (2)$$

という非常にシンプルな関係(**ラグランジュの理論**)が得られます。この両辺に保存される量は**ヘルムホルツーラグランジュの不変量**(あるいは単にラグランジュの不変量)と呼ばれます。左辺は屈折面の前の界の量、右辺は屈折後の界の量のみでそれぞれ成立しているので、複数面で構成されている光学系の場合、次から次へと共役関係(物体と像の1対1の結像関係)が引き継がれてこの量も引き継がれることになります。つまり、上式は物体の大きさyとそこでの屈折率n、光軸から測った光線角度uと、光学系最終面(第k面)通過後の最終的な像の大きさy_k'、像界の屈折率n_k'、P_k'に達する光線の角度u_k'の関係を表していることにもなります。

$$nyu = n_k' y_k' u_k' \quad (3)$$

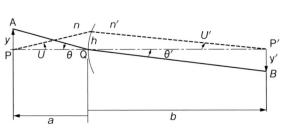

図1 1つの面による屈折

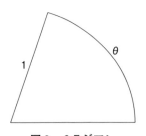

図2 θラジアン
半径1の円の円弧の長さθを角度θラジアンとして表す。

第一屈折面を挟んでyとy'は平面上にあるとみなせて（次項3-3項をご参照下さい）、(2)式よりこの関係が繋がっていき、最終像も近軸理論上は平面となることがわかります。また、図より物体と像の倍率β'は明らかに

$$\beta' = y'/y_k = nu/(n_k' u_k') \quad (4)$$

であり、空気中に光学系があれば単に角度uとu'の比で表されることになります。正式にはこれを**横倍率**と呼びます。

ここで、物体が無限遠にある場合のラグランジュの不変量について導いておきます。遠くの山を被写体とするような場合です（図4）。遠方の山の頂付近から角度θで光学系に光線が入ります。非常に遠方であれば山の頂からの光線は皆この角度θで光学系に入射します。この時、焦平面上に長さy'の山の像ができます。屈折面頂点に角度θで入射した光線は屈折して光軸とθ'の角度をなして山頂の像点に達します。

また光軸方向の山にある点光源からも光線がきます。この時、光線はすべて光軸と平行になります。そして、屈折面により焦点に光が集まります。高さhで面に入射した光線が屈折後、光軸となす角度をu'としましょう。すると近軸領域では

$$\frac{h}{L'} = u', \qquad \frac{y'}{L'} = \theta' \quad (5)$$

が成立します。L'は面頂点から焦点までの距離です。2式からL'を消去すれば

$$\theta' = \frac{y' u'}{h} \quad (6)$$

また(1)式の近軸領域でのスネルの屈折則が成立して、(1)式に(6)式を代入すれば

$$n\theta h = n' y' u' \quad (7)$$

が得られます。右辺は(2)式と全く同じなので、(3)式のように最終面まで左辺の量は保存されます。

さて、ここまでの結果として不変量を表す(3)、(7)式が導けました。これらの式は光学系の構造を考えていく上で、今後たびたび登場する非常に重要な式です。

図3　近軸領域での三角関数
$\tan\theta = \theta = y/a$
$\sin\theta = \theta$
$\cos\theta = 1$

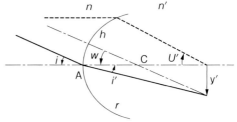

図4　無限倍率時のラグランジュの不変量

3-3 近軸光線追跡式

　2-6項でスネルの屈折則を用いた光線追跡の手法について触れましたが、$\sin\theta$ を θ と近似する近軸理論によっても光線追跡は行われ、2-7項の図2にあるような非常に見通しの良い結果が得られます。ここでその光線追跡手法について簡単に触れさせていただきます。光線追跡式はレンズの i 番目の面と、$i+1$ 面への諸量の引継ぎといった形で、繰り返し計算の形で記されます。屈折率を N、曲率半径を r、光線がその面に到達した位置の光軸からの距離（高さ）を h、光軸に沿った次の面までの間隔を d とするとき（添え字は面の番号を表す）、既述の三角追跡の3式を近軸領域において考えてみますと近軸領域では $\sin\theta=\theta$、$h=LU$ とできますので

$$i = \frac{L}{r}U - U \quad \rightarrow \quad i = \frac{h}{r} - U \quad (1)$$

$$U' = U + (i - i') \quad \rightarrow \quad U' = \frac{h}{r} - i' \quad (2)$$

となります。スネルの屈折則は以下の通りです。
$$n'i' = ni \quad (3)$$
さらに(1)式と同様に考えて、

$$r\sin i' = (L' - r)\sin U' \quad \rightarrow \quad i' = \frac{h}{r} - U' \quad (4)$$

(1)(4)式よりそれぞれの界の屈折率を乗じて

$$ni = n\frac{h}{r} - nU \quad (5) \qquad n'i' = n'\frac{h}{r} - n'U' \quad (6)$$

(3)式に(5)(6)式を代入して以下の関係が得られます。

$$n'U' = nU + (n' - n)\frac{h}{r} \quad (7)$$

　光線の高さ h と入射の角度 U により屈折後の角度 U' 側から光線追跡が行われます。面から出た角度 U_1' がそのまま次の面に対する入力値の U_2 として引き継がれるわけです。この場合に h_2 は

$$h_2 = h_1 - dU'_1 \quad (8)$$

と計算されます。右辺第2項が高さの変化量を表す訳です（**図1**）。最終的な像の位置 L'_k は、最終面からの光軸上の距離として、

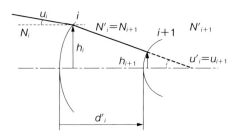

図1 近軸光線追跡の様子

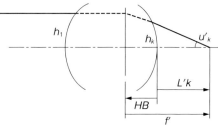

図2 像の位置

$$L'_k = \frac{h_k}{n'_k u'_k} \quad (9)$$

と得られます(**図2**)。

また、(7)式辺々を h で割れば $L = h/u$ なので

$$\frac{n'}{L'} = \frac{n}{L} + \frac{n'-n}{r} \quad (10)$$

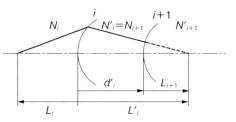

図3 角度を含まない近軸光線追跡式

という角度を含まない近軸追跡式も導けます(**図3**)。角度を含まないということは点光源からすべての入射光線はその入射高さに依存せず一点を通過することを、つまり近軸領域では収差が発生しないことを表しています。また図4にありますように、屈折面の曲率中心Cを中心にして物体の位置を回転させてやっても全く同じ結像関係が得られます。この時、円弧の直線からのズレは近軸領域では0とみなせて(近軸領域では $\cos\theta = 1$ となるので)、無収差の像が平面上に形成されると考えてよいことがわかります。

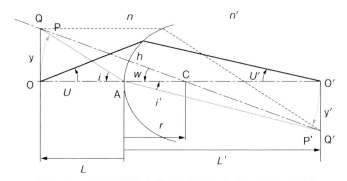

図4 1つの面の近軸光線追跡の図をCを中心に w 回転

3-4 焦点距離

　近軸理論によりここまでに横倍率、光線追跡式、像のできる位置等について考えてきましたが、最もよく使われる近軸結像についての重要な量は焦点距離と呼ばれるものでしょう。ここでは焦点距離について考えます。

　無限倍率のラグランジュの保存量を考えた時の入射角 θ の平行光束の光線のうち、その光線が k 個の面を持つ光学系通過後、以下の関係で表される角度 θ' で光軸上の点 H′ から射出するとしてみます。

$$\theta' = \frac{n_1}{n'_k}\theta$$

右辺の屈折率 n_1、n_k' は物界と像界のものです。角度 θ の入射光線はその入射位置によって透過後の角度がそれぞれ異なって変化しますので、上式の関係を満たす光線の入射位置が必ず存在するはずです（図1）。ここで、最終的な像の大きさを y'_k、H′ から焦点までの距離を f' とすれば

$$\frac{y'_k}{f'} = \frac{n_1}{n'_k}\theta$$

さらに 3-2 項の無限倍率時のラグランジュの式より

$$\theta = \frac{n'_k y'_k u'_k}{n_1 h_1}$$

これら2式より、

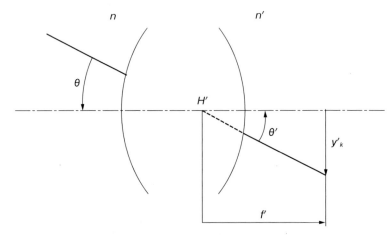

図1　光学系への入射角と射出角

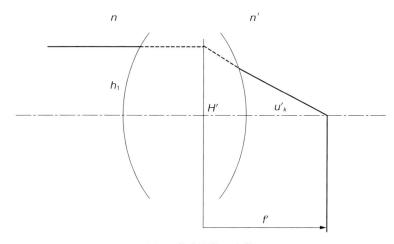

図2　焦点距離の定義

$$f' = \frac{h_1}{u'_k} \qquad (1)$$

という関係が得られます。この式から**図2**にありますように、二つの直線が交わり形成する面が H' を含む平面になることがわかります。ここでの H' から焦点までの距離 f' を焦点距離と呼びます。またレンズのパワー（屈折力）P というものが焦点距離の逆数として定義されます。

$$P = \frac{n'_k}{f'} = -\frac{n_1}{f}$$

上記(1)式の焦点距離の式から、近軸光線追跡の3-3項(7)式を用いると

$$P = \frac{1}{h_1} \sum y_i \frac{n'-n}{r_i}$$

として各面の影響の和として表すことができます。Σの中の境界後の屈折率から前の屈折率を引いて、屈折面の曲率半径で割ったものを各面のパワー、屈折力と呼びます。

　以上の検討は光線を光学系の後ろから入射させても同様に行えます。f' と同じように光学系の前側にも焦点が存在して、f という前方の焦点距離も存在することになります。光学系が空気中にあれば

$$f = f'$$

となります。

3-5 結像を表す重要な式

　焦点距離を用いて光学系の結像位置関係を簡潔に表現しましょう。焦点を通過する光線は光学系に入射し射出すると光軸に平行になり、光軸に平行に入射した光線は焦点を通過するので長さyを持つ物体の結像の様子が**図1**のように書けます。物体（被写体）のある空間の、そして像のある空間の媒質の屈折率をそれぞれn, n'として、aはごく薄いレンズから物体までの、bはレンズから像までの距離です。すると図1から明らかに横倍率β'は

$$\beta' = -\frac{x'}{f'} \quad (1)$$

また、3-2項(2)式のラグランジュの不変量より、また近軸領域では$au=bu'$であり

$$\beta' = y'/y = nu/(n'u') = nb/n'a \quad (2)$$

なので、図1から、

$$\frac{nb}{n'a} = -\frac{b-f'}{f'} \quad (3)$$

この式を整理すると

$$\frac{n'}{b} - \frac{n}{a} = \frac{n'}{f'} \quad (4)$$

という非常に重要な式が得られます。

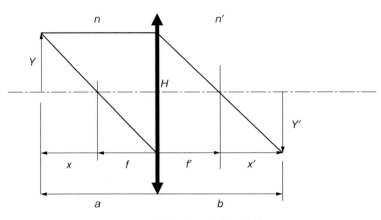

図1　焦点位置と結像の関係

3-5 結像を表す重要な式

この(4)式はレンズメーカーの式、と呼ばれるほど、光学系を構築する場合には重要であり、重宝する式です。物体までの距離 a を決めれば、(4)式から b を得ることにより、どこに像ができるのか簡単に計算できます。

ここで、屈折率が物体側と像側で等しければ、(4)式から消して、

$$\frac{1}{b} - \frac{1}{a} = \frac{1}{f'} \quad (5)$$

とすることができて、水中カメラなどの特殊な場合を除き一般的な式となります。しかし(4)式に屈折率が残って居るのには重要な意味があり、それはレンズだけではなく鏡の結像にもこのレンズメーカーの式を対応させるためです。

鏡から反射して光が戻ってきた場合には屈折率に −1 を乗じれば(4)式はそのまま鏡面反射の場合にも利用できます。その時の状況を図2に示します。またその場合の(4)式は、

$$-\frac{1}{b} - \frac{1}{a} = -\frac{1}{f'} \quad (6)$$

となります。また一般的な、集光することが役割の鏡であれば、図2にあるように焦点は光学系の左側にできます。従って焦点距離はマイナスで表されることになります。

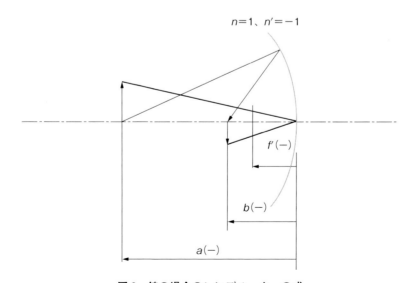

図2 鏡の場合のレンズメーカーの式

3-6 レンズメーカーの式による光学系の構造

前項 3-5 項(2)式より空気中に薄いレンズが存在する場合には、横倍率に関して

$$\beta' = \frac{y'}{y} = \frac{b}{a} \quad (7)$$

が成立し、前項 3-5 項(4)式により結像位置のみならず像の大きさまで計算できることになります。なお、図1からもわかる通り、像はこの場合、光軸を挟んで物体とは逆向きに形成されています（倒立している）。その場合は倍率の符号はマイナスをとります。また、図1にあるように y と a、y' と b が形成する二つの直角三角形は相似になり、薄いレンズの中心 H に入射した光線は同じ角度でレンズから射出することがわかります。

〈レンズメーカーの式でわかること〉

3-5 項(4)式レンズメーカーの式により、以下のような実践的な問題が解けます（図1）。

イ) 物体の大きさと、所望の像の大きさが決まっていて（(7)式中の β' が決まっている）、さらに物体から像までの全体の大きさ（共役長と呼ばれる）が大体きまっている場合、$b-a$ をその全体の大きさと見做し、適切な光学系の焦点距離 f' が得られる。

ロ) 使用する光学系が決まっていて、その焦点距離 f' が判明していれば、どの位置に物体を持ってくれば（a）、どの位置に像が（b）、物体の何倍の（ある

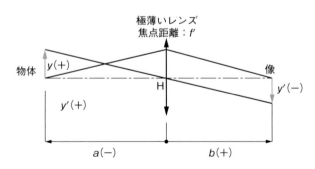

図1　レンズメーカーの式からわかること

いは何分の1かの）大きさで結像するのか（β' が）計算できる。そして、その場合、物体から像までの全体の大きさ（$b-a$）も求められる。

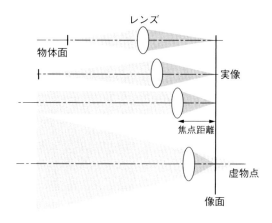

図2　様々な結像状態

光学設計の多くの場合、最初期の段階でこのようにして光学系全体の可能性を考えることになります。さらに写真レンズなどでは、異なる位置にある被写体にピントを合わせなければなりません。その場合にレンズメーカーの式において a が変化すると考えてよい訳ですから、b が直ちに計算できて、像面位置を固定していると考えれば、レンズ全体をどのくらい動かせばよいかわかります（図2）。無限遠に対しては b は焦点距離となり、被写体が近距離になるに従ってレンズが前方に移動していくことになります。このような合焦方式は全体繰り出しとも呼ばれます。レンズが大きい時には図3のように構成レンズの一部分（この場合は前群）のみを繰り出す場合があります。この時も、2群以降の虚物体の位置に、前群でピントを合わせていると考えてよく、そこにレンズメーカーの式の関係が成り立っています。

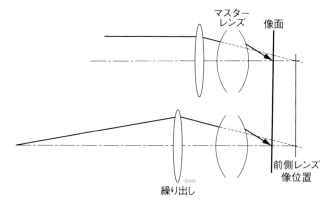

図3　前群繰り出し

第3章 近軸理論

3-7 実物体と実像、虚物体と虚像

　物体と像というものについてもうすこし、詳しく考えてみましょう。レンズメーカーの式からもわかるように、物体位置というものはマイナスになっている時は、レンズの物体側にあることになり、実（実存する）の物点を表します（**図1**）。しかしプラスになっている時には、屈折面より右側、一般的には像側に物体があることになります。これはどのような状況でしょうか？ それは物体が光学系の中にあり得るということです（**図2**）。また、屈折面より右側にも物体が存在する世界・物界が存在し得ることにもなります。

　理論上はあくまでもレンズメーカーの式の a で表せる光軸に沿った距離のところに点光源があるということなります。点光源、点像を光線が集まり、通過しそこから発散していくところ、と解釈すれば最初の境界面より点光源が像側にあるということは、とりもなおさずその点を目指して光線が、一般的な定義で、反射もなければ、左方向からやって来る、という意味になります。光線たちはその点に達する以前に、光学系が存在すれば、屈折されてその点には到達しません。この実際にはない物点を虚物点と呼びます。

　同様に考えて、光学系を通過した結果として、像界に実像を結ぶ場合もありましょうし、b がマイナスとなりそこからあたかも光が出ているように見える、虚

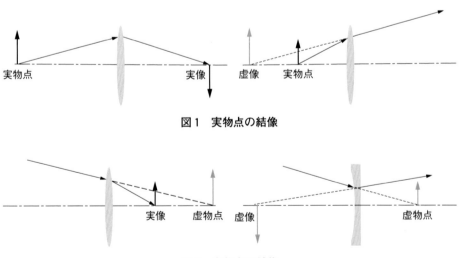

図1　実物点の結像

図2　虚物点の結像

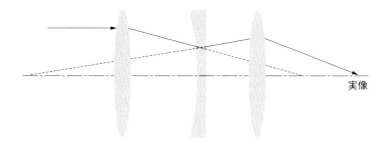

図3　光学系中の結像共役関係の連続

像ができる場合もあります。物体が実、虚の場合、そして像も実と虚の場合があるわけです。光学系の各屈折面において、レンズメーカーの式は成立するわけですが、各面において実、あるいは虚の物点と像点が存在し得、4種類の共役関係が考えられます（**図3**）。光学系を構成する屈折面それぞれに発生する結像共役関係の連続、組み合わせで最終的な、最初の物点と最後の像点の光学系全体の共役関係が発生することになります。

　この項の最後に、**図4**にあるように光学系が唯一の屈折面でできていて、屈折面の前後で媒質の屈折率が異なる場合を考えてみましょう。物界の屈折率が n_1、像界の屈折率が n_2 ということになります。ここで、図4にあるような虚物点と、実像を考えてみましょう。これらの位置はレンズメーカーの式により得られるわけですが、この時、虚物点は境界面の右側にあり、その空間の屈折率は n_2 のように見えますが、公式通り、a にまつわる計算には物界の屈折率 n_1 を用いなければなりません。物点、像点がどこにあるかではなく、光学系への入射境界面から見て、実際に光線がやって来る方向の空間を物界（物体空間）、光学系の最終境界面から光線が出て行く方向の空間を像界（像空間）と整理した方がわかりやすいかもしれません。

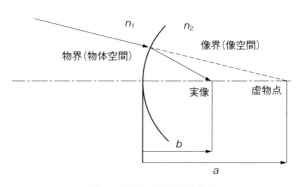

図4　物界と像界の考え方

3-8 主点・焦点距離はどこから測るのか？

3-5項のレンズメーカーの式を実際の厚さのある光学系に適用する場合、焦点距離、あるいは a、b なる距離をどこから測ればよいのか？ という問題に突き当たります。これらの距離は主点という光軸上の点から測るべき距離なのです。ここで、この主点について説明させていただきます。

図1にあるように厚さのある、あるいは複数の面で構成された光学系でも構いませんが、レンズに光軸に平行な光線が何本か入射したとします。この時、光軸に近い低い高さで入射する光線は、光学系射出後、焦点位置に近い位置で光軸と交わります。より高い位置に入射する光線は収差が存在すれば、f とは異なる位置で光軸と交わることにもなりましょう。

この時、それぞれの光学系入射前の光線と射出後の光線を互いの方向に延長して交点を得れば、それら多くの交点の集まりは図1にあるような面を形成すると考えることができます。もちろんその面は球面や、楕円面の様な綺麗な曲面になるとは限りませんが、実際にその面上で光軸に平行な入射光線が屈折していると考えてしまってよく、一般的には光軸に対して回転対称な等価屈折面とも呼べるような面が想定できます。焦点距離を求めるために近軸近似理論により光線追跡（近軸光線追跡）を行いますと、その結果、この等価屈折面は光軸に垂直な平面となります（3-4項）。これが主平面と呼ばれるもので、主平面と光軸との交点が主点（H' と表記）と呼ばれ（図2）、焦点距離とはこの点から焦点までの距離を指します。

このように前方から光軸に平行な光線を入れれば、光はレンズの後ろ側で集光し、後ろ側焦点距離（あるいは像側焦点距離）が得られ、レンズはそのままで、今度は後ろから光軸に平行な光をいれてやれば、レンズの前側に前側焦点（或いは物体側焦点距離）が表れます（図3）。従って、主点も前側（H と表記）、後側と二つ得られることになります。レンズメーカーの式における、a、b はそれぞれ、物体側、像側の主点から測った距離となります。

像側主点の位置（HB）は、こ

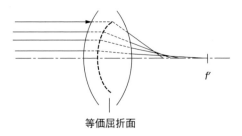

図1　等価屈折面

の焦点距離と、レンズ最終面から焦点位置までの距離（バックフォーカスと言います。図では BF と表記）の差からわかります（図4）。ここでの主点位置、あるいは BF などは市販されている光学レンズの単品製品カタログ等には曲率半径、厚さ、外径等と共にたいていは記されています。

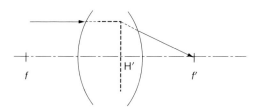

図2　像側主平面の定義

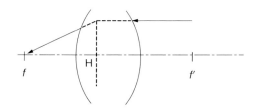

図3　物体側主平面の定義

光軸に平行な光線の入射高さによらず焦点位置は不変なので、近軸光線追跡の際には $h=1$ として計算される。

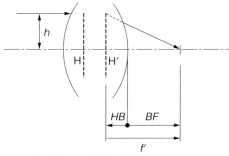

主点位置を示す時の測り方は、面から測り始めて、左側に主点があったらマイナス、右側にあったらプラスとなる。従って、後ろ側主点位置をHBとすれば以下のように計算できる。

$$HB = BF - f'$$

図4　主点位置とバックフォーカス

3-9 主点・主平面の性質

図1にあるように光学系内に一対の主点、主平面を考えます。左から光軸に平行な近軸光線が入ると、後ろ側主平面上のBの点で屈折される様に光線は曲がり焦点に向かいます。これと逆方向から光学系に入射した光軸にやはり平行な近軸光線は前側主

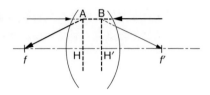

図1　主平面同士の共役関係

平面上の点Aで屈折して前側焦点へと向かいます。スネルの法則からすると光線の光路は可逆ですから、前側焦点からAに向かう光線はBから射出する光軸に平行な光線となります。つまり、点Aに向かう2本の光線は点Bから射出しているように見えるということです。これはA虚物点であり、Bがその虚像であることを、主平面の間に結像関係が成立していることを表しています。同様に後側焦点からBに向かう光線はAから光軸に対する平行光となり、後側からBに向かう光線はAから射出してきますので、逆の結像関係も成り立ちます。AとBの光軸からの高さは同じなので、結像倍率は1倍ということになります。

主点、主平面の性質をまとめると以下のようになります。

1) 結像倍率1倍なので空気中に光学系があれば、前側主点（光軸上の）に入射した光線は後側主点から同じ角度で出てくる（図2）。
2) 前側主平面に入射した光は同じ高さで後側主平面から出てくる（図3）。
3) 近軸光線の互いに平行な光線は必ず一点に集まる。一点から射出する光線群についても同様である。近軸領域には収差は無い。従って、結像状態は全て

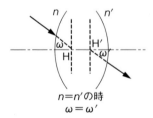

屈折率が一致していない場合に$\omega = \omega'$の関係を満たす点は節点(nodal point)と呼ばれる。

図2　主点入射角と射出角の保持

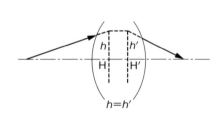

図3　主点における高さの保持

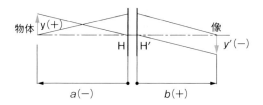

図4 レンズメーカーの式と主点

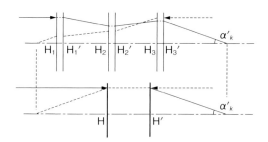

図5 部分の主平面（上）で全体の主平面（下）を表す。

レンズメーカーの式により、判明する。その式においての、すべての量は主点から測られている。従って、近軸領域では一対の主点・主平面で光学系のパフォーマンスを全て表すことができる（**図4**）。

4) 光学系のある部分のみを考え主点を計算する時、そうした部分が複数集まって組み合わされ全体を構成することが可能で、各部分の主点のみを使って光線の挙動が分かり、さらに全体の焦点距離、主点位置等も計算できる（**図5**）。

これら主点の性質と、光軸に平行な光線は全て焦点を通過する、平面物体は、収差なく平面像として結像するなどの近軸結像の性質から、結像状態を**図6**のように作図できます。

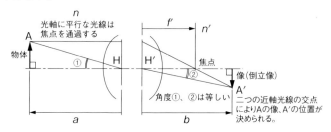

図6 近軸理論における結像図

第 4 章

光学系の明るさを決めるもの

4-1 開口絞り

　光学系には必ず絞りというものがあります。光学系内にそれらしい絞りが見当たらないとしても、絞りと同様の役目をするレンズの外径、あるいは押さえ環、鏡筒などの金物が存在します。ここでは絞りについて解説させていただきます。

　絞りとは光学系に入ってくる光の量を制限する機構です。写真撮影の際には露出をコントロールします。非常に明るい環境下では絞りを絞って光量を制限しないと、フィルムや撮像素子の受光許容量を超えてしまい、適当な画像が得られません。逆に暗い場所では通常よりも絞りを開き、光量を多く取り込む必要があります。これを**開口絞り**と呼びます。工業用途などの光学系においては可変ではなく、絞りの穴の大きさが固定されている場合もよく見かけます。

　それでは絞りを何処に配置すればよいか？ ということになりますが、光学系に回転対称性があれば当然、光軸を開口の中心になるように配置することが妥当です（**図1**）。光軸から離れた位置を通過する光線に比べて、光軸付近の光線の挙動は極端に変化しないし、またものづくりの観点からしても、回転対称軸付近の性能は安定しています。さらに、これまでにも触れさせていただいたように、絞りを開く場合に、光軸付近から徐々に光線を通していくという考え方が、近軸理論の背景となっています。

　さて、光軸をその中心にすると言っても、光学系には厚さがあり、またレンズ同士の間の空間が複数ある場合も多く、一体どの空間に絞りを設定すればよいのでしょうか？ 実際にはそこに自由度があり、設計者の意図に基づき設定されることになります。ただ、セオリーはあります。**図2 A、B**をご覧ください。双方、

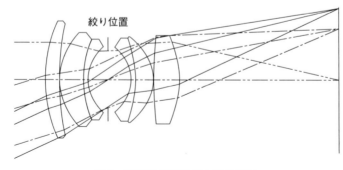

図1　実際の光学系における絞り

レンズの構成は全く同じとします。絞りの位置、絞り径のみが異なっています。絞り径は双方、画面中心部分の照度が同じになるように決められています。近軸計算の範囲では全く差異がないので、倍率、物像の位置関係も同じです。絞りの位置もどちらでも構いません。しかし、光束の通過位置を含めて観察すると様相は大きく異なっています。光線は軸外結像に際してレンズの全く異なる位置を通過しています。

ここでわかることは、絞りをなるべく光学系の中心付近に配置すればレンズの大きさが小さくてすむということです。収差補正的にもレンズの端を光線が通る場合よりも有利であり、それはレンズ設計的には重要なことです。原則的には絞りは光学系の中心部付近に配置するべきです。しかし、Bのようなタイプが必要とされる場合も多く（後述）、あくまでも原則です。

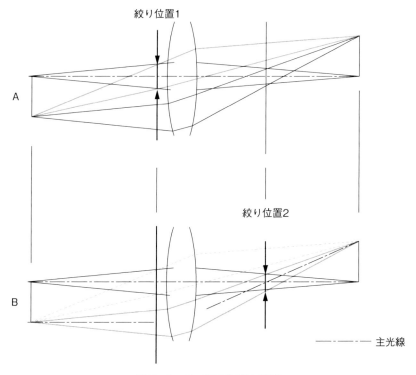

図2　A、B　絞り位置と光束

4-2 視野絞りと主光線

　開口絞りはいくら絞っても、幾ばくかでも光が通っている限りは、像の大きさを変えることはありません。図1を見ていただいてもおわりいただけるとおり、最も画面の端にいく光束も、絞り効果により細くなることはありますが、開口絞りが閉まってしまわない限り、光は画面周辺に届きます。これに対して図1の像側に設けた絞りを考えてみましょう。この絞りがどんどん閉まっていきますと、それにつれて光の届く領域もどんどん小さくなっていきます。このように視野を制限する絞りを**視野絞り**と呼びます。

　照明光学系や顕微鏡などでは積極的に用いられる視野絞りですが、一般的にはレンズ枠等が自然とその役割を果たしている場合が多いのです。円柱状の筒の穴を斜めから見る場合に、穴の大きさが筒の両端により制限されて見えます。光学系の場合にはこの筒の中にレンズが存在し光路を曲げるので事情は若干異なりますが、やはり、ある限度を超えた角度ではこの光束の欠けが起きます。光学系の利用されるべき範囲でこうした欠けが起こることを**ビグネッティング**（口径蝕）と呼びます（**図2**）。中央から見ると図左のように円形に見える開口が、斜めから見る場合に一部が蹴られて見えます。この図の場合、ビグネッティングはレンズの最前面と最後面の径により起きていることが、光路図からわかります。

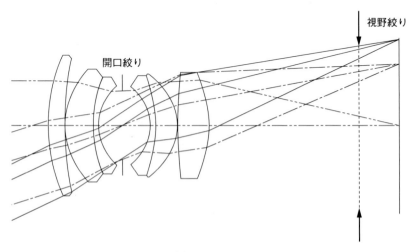

図1　開口絞りと視野絞り

4-2 視野絞りと主光線

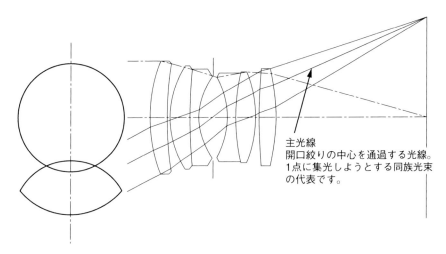

主光線
開口絞りの中心を通過する光線。
1点に集光しようとする同族光束の代表です。

図2　口径蝕（ビネッティング）と主光線

　1物点から出発して開口絞り前面に満ち、1像点に収束する光束内の無数の光線のうち、開口絞りの中心を通過する光線は、これら光線の代表として**主光線**（chief ray）と呼ばれます（図2）。光線追跡により光学系の性能評価をする場合には、点光源の数だけ主光線が存在することになりますが、像面上での横収差も便宜的に、この主光線の像面到達位置からのズレで表現されます。光束全体が大体どのような方向を向いているかの指標にもこの主光線の角度が用いられます。
　この定義は一般的なもので、光学系によっては上記のビネッティングが甚だしい場合もあり（そもそも開口絞り中心を通る光線が存在しない時すらあります）、そうした場合には、開口絞りの光線通過範囲の真ん中の光線を、あるいは開口絞り面における光線通過領域の重心を通る光線を、主光線として選択するする場合もあり得ます。光束全体の方向を問題にする場合には、こちらの方が適当ではあります。
　図1におけるレンズには顕著なビネッティングが起きていますが、画面の一番端、最周辺に達する光束に注目すると、絞り中央を通過する主光線は実は光束の中心ではなく偏った位置を通過していることがわかります。

4-3 Fナンバー

　光学系による像の画面中心部分の明るさを表す指標に**F ナンバー**というものがあります。光学系の集光能力を表す重要な数値です。光軸に平行な無限遠点光源からの平行光束について定義されていて焦点距離をf、光学系に入射する最大の光束直径をDとした場合にFナンバー、Fは

$$F = f/D \quad (1)$$

として定義されます。焦点距離に比べてDが大きいほど取りこめるエネルギーが大きくなることは直感的にもわかります。Fナンバーは小さければ小さいほど明るい光学系、ということになります。写真レンズにはよく、Fナンバー1.4とか2.8、4、5.6等の目盛りが打ってありますが、だいたい$\sqrt{2}$の倍数になっています。2乗してみるとFナンバーが小さくなると光束取り込みの面積が倍、倍となっていき、光量が比例して増していくことになります。

　取りこみの開口が大きければ集光能力が高いことはよく理解できますが、(1)式における焦点距離はどう意味を持っているのでしょうか？よく質問されるのはDが同じであれば同じエネルギーが取り込まれるので画面中心付近の明るさは同じではないのか？ということです。同じにはなりません。

　像面上の明るさというものは、画面上単位面積あたりに到達する光のエネルギーで決まります（測光学的には照度と言います）。ところが光軸に平行な光線だけでは無収差の光学系では1点に光が集まってしまい面積を形成できません。従いまして、実は光軸から微妙な角度振れた範囲の角度で入射する光線も考慮しなければなりません（**図1**）。こうすると**図2**(a)にあるように像面上に明るい微小面積を形成できます。この面積で光のエネルギーを割って画面の明るさが比較で

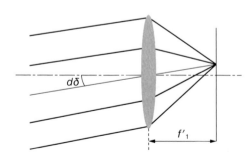

図1　角度はあるが互いに平行な光線による光束

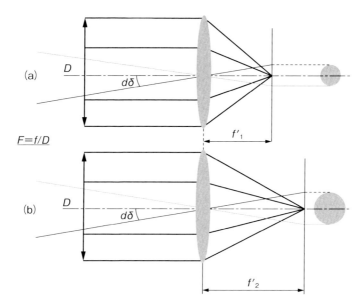

図2 Fナンバー：光学系の結像の明るさ（画面中心の照度比）を表す

きるわけです。すると、図2(b)では同じDで焦点距離の異なる光学系を表示してありますが、焦点距離が長いと同じ角度範囲で入射した光線たちはより大きな面積を形成することになります。ですから、単位面積当たりの明るさ、照度は、(a)の光学系の方が高くなります。Fナンバーが光学系の明るさを表す指標たり得ることが納得できます。

(1)式からわかるようにFナンバーは単位を持たない無名数になりますが、明るさについてこうした比例係数的な表現を行うのは、カメラでは被写体に、何を選ぶかはかなり多様で限定できないこと、そして光学結像理論の線型性にもよります。1 wattのエネルギーを投入して像面で1 watt/mm^{2}の照度が得られた場合、2 watt投入すれば、光線の経路は変化せず、照度は2 watt/mm^{2}になるという比例的な性質です。

いずれにしましても、Fナンバーは無限遠からの光に対応した指標であることに注意が必要です。近軸理論からも有限倍率の時には光線の取り込み角も、像の大きさも倍率に当然依存してきて、明るさの比較が曖昧になります。こうした場合にも対応できるニューメリカルアパチャー（N.A.）・開口数という、より汎用的な明るさの指標がありますが、後述させていただきます。

4-4　入射瞳と射出瞳

　図1の光路図をご覧ください。これまでの光路図と異なるのは光学系に入射しようとしている光線をそのまま屈折させないで伸ばした直線を書き込んである点です。像界についても、光学系から出てきた光線をレンズ側に伸ばした直線を書いてあります。そうすると、物界の点光源から出た光束はあたかも、視線の延長線上の一つの穴に吸い込まれるように、像界では一処から光束が射出しているように見えます（図2）。この二つの穴をそれぞれ、**入射瞳**、**射出瞳**と呼びます。

　この二つの穴は双方とも絞りの像であって、より正確に言うなら絞りの絞りより前の前部光学系による像が入射瞳、絞りより後部の光学系による絞りの像が射出瞳です。瞳の位置と大きさがわかれば、この二つの門を使って光束の光学系への入射、射出の具合が直感的にわかります。主点と異なり、瞳は絞り位置が変化すれば簡単にその位置を変えます。レンズの形状等が全く同じでも、光学系にはこうした変化の自由度が残されています。主点に入射した光線は後ろ側主点から後述の歪曲収差がなければ同じ角度で射出します。この前側主点に入射する光線の光軸との角度を**画角**と呼ぶわけですが、瞳に入射する光線の角度はそれとは無関係に、絞りの置き方により変化します。ですから、見かけの光束の入射角度を画角と考えるのは間違いです。画角はその光線が実際に存在しようとしまいと、主点に入射する光線の角度で決まります（図3）。

　因みに既述の開口絞りについての4-1項の図2のAにおいては、入射瞳はその前に光学系が存在しないので、絞りそのものです。Bの場合には射出瞳が絞りになります。ここで興味深いのは絞りの中心を通過する光束の代表、主光線が物界で光軸と殆ど平行になっていることです。互いに平行だとしますと、これらの直線は永遠に交わらないので入射瞳は無限遠にあると言います。瞳のどちらかが、あるいは両方が無限遠にある場合、その光学系は**テレセントリック系**と呼ばれます。

4-4 入射瞳と射出瞳

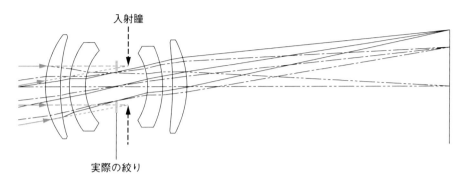

図1　入射瞳

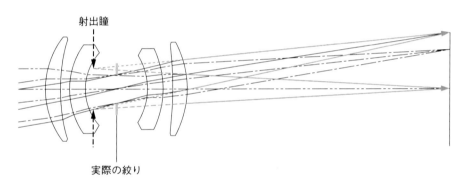

図2　射出瞳

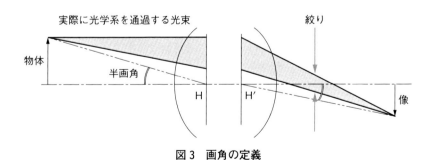

図3　画角の定義

4-5　テレセントリック系とは

　テレセントリック系の意味については前節で説明させていただきましたが、絞りが光学系中心付近にある場合と異なり、レンズは大きくなるし、対称性が崩れて、光線通過高 h も高くなり収差補正は難しくなり、何のメリットもそこにはないように見えますが、そうではありません。テレセントリック性というものは現代では非常に重要な光学系の性質になっています（**図1**）。幾何光学的にもいくつかメリットがあるのですが、それらは以下の通りです。

1) 主光線が互いに平行なので像面が光軸方向にずれても、像の大きさが変わりません。もちろんピントがずれれば多少ボケることになりますがものの大きさを測る測定器等においては大切な特性です。
2) 昨今のデジタル光学機器で用いられる画像素子はその精密な構造ゆえ、一つひとつの画素が井戸構造のようになり、奥にある受光部に光が届きにくくなっています。素子ごとにレンズ（オンチップマイクロレンズ）をつけて入射角度を補正し受光を助けたりもしていますが（**図2**）、画面上にムラなく同じ角度で、できれば垂直に光を受光面に当てたくなります。テレセントリック系はこうした場合に都合が良い訳です。ただ、このオンチップマイクロレンズの位置を画素中心軸から少しずらして斜め入射光に対応する撮像素子もあります。その場合は完全なテレセントリックであると、正に度が過ぎて逆効果になりますので、光学設計の際には要注意です。そうした場合には素子の仕様書に、必ず画面最周辺の主光線角度、あるいは射出瞳位置への要求があります。
3) 結像系ではないのですが、照明系を形成する場合、テレセントリック系は面光源などの大きさのある光源から光を取り込む場合、すべての光源位置から最も明るい光が出ているであろう中心方向（面の法線方向）の光を取り込むことができます。また、像側をテレセントリックにすると被照明面に同じ角度で照明光を当てることができ、均一性に貢献します。（さらに詳しく明るさの均一性につきましては後述の周辺光量の章をごらんくだい。）また影のでかたも画面上同じ条件になりますから、検査等において役立つ可能性があります。

4-5 テレセントリック系とは

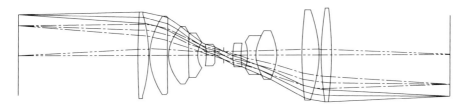

図1　テレセントリック光学系（両側テレセントリック）

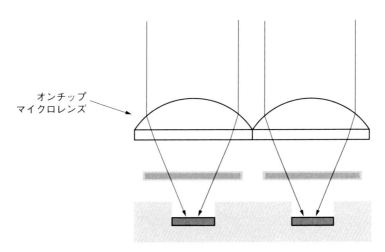

オンチップ
マイクロレンズ

図2　撮像素子の画素構造

第 5 章

球面収差

5-1 プリズムで収差を考える

前章までは光学系の背景や、基本構成を考えるための知識について説明させていただきました。いよいよ本章からは光学設計者が対峙しなければならない収差そのものについて、その発生メカニズムから詳しく解説します。またそこから収差を補正するための手法について考えていきます。

最初に、球面屈折面による収差の発生について、プリズムによる光線の屈折作用を利用して説明させていただきます。

プリズム（prism）とは、光を屈折、或いは全反射させるための透明媒質が加工された光学素子であり、様々な形状のものが存在しますが、ここでは、その屈折の性質を調べるために、断面が**図1**にあるような、三角柱の最も基本的なプリズム形状を考えます。ここで、プリズムにおける光線の屈折について検討してみましょう。レンズの収差とレンズ形状の関係を考える上で役に立ちます。図1にあるように諸量をとります。αはプリズムの頂角、δは偏角（或いは振れ角）と言い、プリズムへの入射光と、射出光のなす角度を指します。以下でこの偏角δを求めてみましょう。

プリズム各平面でスネルの屈折則に基づいた角度で光線は屈折していきます。

$$\sin\theta_1 = n\sin\theta_2, \quad \sin\theta'_1 = n\sin\theta'_2 \quad (1)$$

さらに図から

$$\delta = \theta_1 - \theta_2 + (\theta'_1 - \theta'_2)$$

$$\frac{\pi}{2} - \theta_2 + \frac{\pi}{2} - \theta'_2 = \pi - \alpha \rightarrow \theta_2 + \theta'_2 = \alpha$$

従って偏角は以下のように導けます。

$$\delta = \theta_1 + \theta'_1 - \alpha \quad (2)$$

ここでは導出（参考文献6)、16)）は省きますが、この偏角は以下の条件の時に最小になります。

$$\theta_1 = \theta'_1、\quad \theta_2 = \theta'_2 \quad (3)$$

頂角に対して対称な状態で光線がプリズムに入射し、射出していく場合が最小偏角δ_0となります。

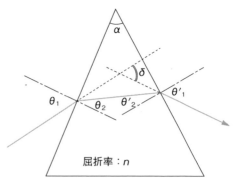

図1 三角柱状のプリズムの断面図

この時、入射、射出位置のプリズム頂点からの距離は同じなので、直感的にわかりやすいように、この頂角に合わせて二等辺三角形を書いてみると、光線はプリズム内部では底辺と平行になります。

ここで、図2にあるような単レンズを考えましょう。点光源Pから出た光線がP′に結像している概念図ですが、球面入射の際には図3にあるようにスネルの法則を適用します。曲率中心Cから

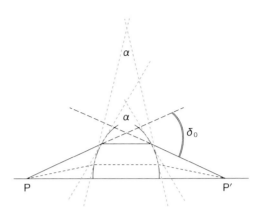

図2　多数のプリズムの連続で対称型の単レンズを考える

入射点Qに向かう直線を面法線とすればよいのです。そうしますとこの光線に関しては、Qでの接平面をプリズムの入射面と考えても屈折的には全く同じことになります。ですから、図2においても入射点ごとに異なる頂角のプリズムが連続していると考えることができます。同じ入射光に対してでも、プリズムの設置角度が変化すると（レンズ形状が変化することを意味しています）偏角が異なり収差が発生します。図4をご覧ください(a)(b)は同じ仕様のレンズなのですが(a)は最小偏角の状態に設定されていますので、光線はこの条件下では一番遠くで光軸と交わります。(b)はこの条件から逸脱していますので（図5）光線は偏向されて(a)と比べてレンズ寄りで光軸と交わり、収差が発生していることがわ

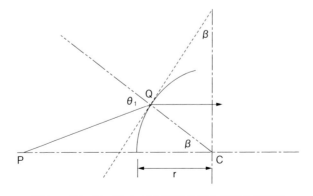

図3　プリズムでレンズの屈折を考える場合の諸元

第5章 球面収差

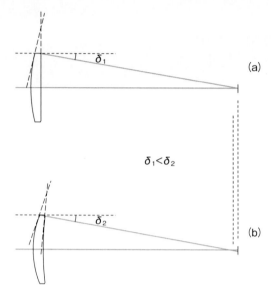

図4 (a)(b)は同じ焦点距離、Fナンバー、同じバックフォーカスのレンズ。レンズをプリズムと見たてた場合、プリズムへの入射角が異なる。同じ入射光線に対して(a)は最小偏角条件になっていて、(b)の偏角はより大きくなり、収差を生む。

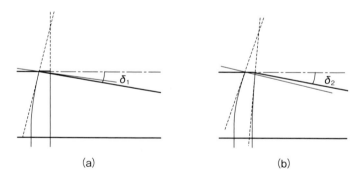

図5 図4プリズム部の拡大図。図5に新たに加えた直線はプリズム中の最小振角の経路を表す。(b)の光線経路は明らかにこれと大きく異なる。

かります。交錯した複数の光線が存在する中、レンズと光線が描かれた光路図から架空のから接平面プリズムを見出し、光線と最小振れ角の関係を感じとれる感覚は有益です。

5-2 球面収差について

これまでに屈折面が球面であることによる屈折角の違いにより、光が一点に集まらない現象について述べさせていただきました（2-7項）。屈折面が球面であることによる収差は、大きく**球面収差**（spherical aberration）と呼ばれますが、実際にレンズ設計などが行われる現場では、この収差についてもう少し狭い定義が用いられています。

光軸上の延長上に**点光源**があり、その点光源の像が、単一の波長の光によるものであっても、一点に収束しない乱れのことを**狭義の球面収差**（以降、単に球面収差）と呼びます。

光学系が回転対称であると考えているので、当然収差の広がりも回転対称な図形になるはずです。これが球面収差の特徴です（**図1**）。

発生原因については、その概念的な説明の図を挙げます（**図2**）。光軸上にある点光源からきた光は、レンズの大きさに比べて光軸上の十分に遠い距離からやってくるのであれば、みな光軸に平行になっているとみなせます。これらの光線が本来は一点に収束しないといけないのですが、光学系の端に入射した光線①は、もう少し低い位置に入射する②と比べて、その入射角 θ

図1　球面収差のシミュレーション

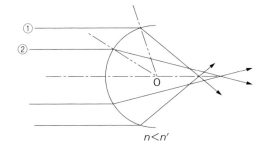

図2　球面収差と球面収差の発生

第5章　球面収差

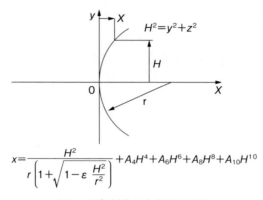

図3　回転対称2次曲面の表示

が明らかに大きくなります。従って、屈折を司るスネルの法則を鑑みると、本来は収束すべき点の手前に曲がってしまいやすくなります。甚だ定性的な説明でありますが、もう少し細かい説明についてはプリズムを用いた前項、あるいは次項をご覧ください。

　さて、このようにレンズが球面であれば必然的に球面収差が起きてしまうわけですが、であれば球面収差が起きないように少しずつ球面からずれた形状の面を屈折面とすれば良いのではないか？という考えが湧きます。図2において曲面を、光軸から離れるのに従い、曲率を緩くなるように変化させてやれば、球面収差の弊害は緩和されていくことは想像に難くありません。これはまさにその通りで、現代では球面をベースとしてそこから形状が徐々に乖離していく非球面というものがよく用いられます（**図3**）。球面レンズに比べ製造上は困難が伴いますが、様々な技術が開発され実用化されています。型を起こしてプレスで大量生産できるようなプラスチックレンズにおいては非球面を用いることは全く特殊ではなくなっていますし、大きな効果を上げています。ただ、上で述べたような特定の方向からくる光に対する球面収差とか、歪曲収差とか、特定の収差のみを光学設計では補正すればよいというものではなく、当然、非球面にも多面的な有効性が要求されます。

　いずれにしても回転対称性のある共軸光学系では、非球面は否が応でも球面をベースにして変化していかざるを得ません。すべて球面をもってして光学設計の基礎を理解することが肝要です。

5-3　球面収差の計算

　ここで、光学系を通して発生する**球面収差量の計算**について説明させていただきます。少し複雑になりますが、それでも球面収差は光軸に対して回転対称な計算でこと足りるので、他の収差に比べると簡単に計算できます。またすべての画像の中心付近の性能を左右し、さらにその近傍の非対称性の収差にすら大きく影響するものですから、様々な光学設計に共通する収差補正の基本的な指針が、ここで導く式から得られます。

　最初に**図1**のように半径 r の一つの球面に球面による屈折を考えます。この図は、この面に入射する光線についてのもので、屈折された後の光線については描いていません。例えば点 M は実際に光線がそこを通過したのではなく、光線がそこを狙って入射している、という点です。図1には2本の光線が入射していて、そのうち1本は周辺光線（marginal ray）で M に向って入射し $\sin\theta$ をそのまま計算しなければならない、近軸領域にない実際に収差を持つ光線です。もう一本は近軸光線で点 V を狙って高さ y に光軸との角度 u で入射しています。当然 y を u も近軸量です。さらに、面頂点から V までの距離を T、V から M までの距離を LA とします。また、球面におけるスネルの屈折則計算における角度は面法線から測りますので、この場合、面曲率中心 C から入射点に向けて引いた直線から測ります。その時の入射角を周辺光線の場合を I、近軸光線の場合を i とし

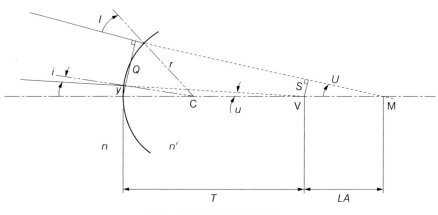

図1　球面収差を計算する1

第 5 章 球面収差

ます。あと、面頂点から、そして V から入射光線に下した垂線の長さをそれぞれ、Q, S とします。これで、準備はできました。レンズ全体の持つ球面収差を表現してみましょう。最初に、図 1 から、また $Tu=y$ なので、

$$S = Q - T \sin U \rightarrow Su = Qu - y \sin U \quad (1)$$

さらに

$$r \sin I = Q - r \sin U$$

この式と、(1)式両辺に屈折率 n を乗じて近軸量に注意し、以下の式が得られます。

$$Snu = ny \sin I - Qni \quad (2)$$

屈折後についても、全く同様の図が描けるはずで、同様の式が得られます（すべての量にダッシュをつけて屈折後の量であることを表します）。

$$S'n'u' = n'y' \sin I' - Q'n'i'$$

近軸光線の高さは屈折後にも変化しません。近軸の場合は $n'i' = ni$ なので

$$S'n'u' = ny \sin I - Q'ni \quad (3)$$

と表現できることになります。従って(3)式から(2)式を引くと

$$S'n'u' - Snu = (Q - Q')ni \quad (4)$$

なる屈折面前後の関係が得られます。第 k 面までこれらの両辺をすべて合計します。$S_2 n_2 u_2 = S'_1 n'_1 u'_1$ となり打ち消し合いが起こり、以下のシンプルな結果が得られます。

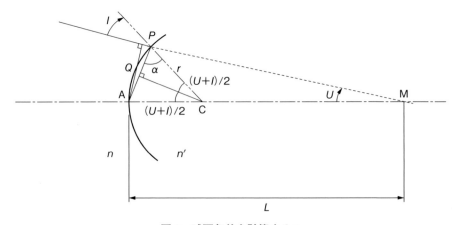

図 2 　球面収差を計算する 2

$$S'_k n'_k u'_k - S_1 n_1 u_1 = \sum_{j=1}^{k}(Q_j - Q'_j)n_j i_j \quad (5)$$

また、図より $S_1 = LA_1 \sin U_1$、$S'_k = LA'_k \sin U'_k$ なので(5)式に代入して

$$LA'_k \sin U'_k n'_k u'_k - LA_1 \sin U_1 n_1 u_1 = \sum_{j=1}^{k}(Q_j - Q'_j)n_j i_j$$

最終的な球面収差 LA' を求める形にすると以下の式が得られます。

$$LA'_k = \frac{LA_1 \sin U_1 n_1 u_1}{\sin U'_k n'_k u'_k} + \frac{1}{\sin U'_k n'_k u'_k}\sum_{j=1}^{k}(Q_j - Q'_j)n_j i_j \quad (6)$$

右辺第 2 項にこの光学系で発生する球面収差がシンプルに表現されており、このままでも有益な式なのですが、より直接的な、距離 $\overline{PA}$ （以降 PA と表記）や角度で表現できるように少し変形していきます。図 2 から

$$PA \sin(\pi - \alpha - I) = L \sin U, \quad Q = L \sin U, \quad 2\alpha = \pi - (U+I)$$

となるので、

$$Q = PA \cos\left\{\frac{1}{2}(U-I)\right\}$$

$$Q - Q' = PA\left\{\cos\frac{1}{2}(U-I) - \cos\frac{1}{2}(U'-I')\right\}$$

三角関数の公式より

$$Q - Q' = PA\left[-2\sin\frac{1}{2}\left\{\frac{1}{2}(U-I) + \frac{1}{2}(U'-I')\right\} \times \sin\frac{1}{2}\left\{\frac{1}{2}(U-I) - \frac{1}{2}(U'-I')\right\}\right]$$

さらに三角光線追跡の 2-6 項(4)式、$U' = U + (I - I')$ より、

$$Q - Q' = 2PA\left\{\sin\frac{1}{2}(I'-U) \times \sin\frac{1}{2}(I'-I)\right\}$$

よって(6)式は、

$$LA'_k = \frac{LA_1 \sin U_1 n_1 u_1}{\sin U'_k n'_k u'_k}$$
$$+ \frac{\sum_{j=1}^{k} 2PA_j\left\{\sin\frac{1}{2}(I'_j - U_j)\sin\frac{1}{2}(I'_j - I_j)\right\}n_j i_j}{\sin U'_k n'_k u'_k} \quad (7)$$

となります。

5-4 とりあえず球面収差がなくなる条件とは

前項5-3項(7)式から球面収差が発生すること、そして球面収差を発生させないための条件が整理できます。

図1にはMがレンズの左にある場合を示しました。ここでも5-3項(2)(3)式が導けることがわかります。その場合に、MとVを一致させればそこにあるのは軸上の物点ということになります。最初のLAは0なので全系による球面収差は5-3項(7)式右辺第2項により表されることになります。その時、球面収差が0になる条件を各面ごとに考えますと

ⅰ) 最初に$PA=0$になる、という場合が考えられます。Mが面頂点にある時です。
そこから光線が屈折します。

ⅱ) 次に$I'=I$、あるいは$i=0$の場合が考えられます。これは屈折が起こらないことを意味していますので、物点が曲率中心Cに存在しそこに向かい光線が入射する場合です。球表面に直角に光線が入射するので屈折しないので収差も発生しません。これは直感的にもわかりやすいです。

ⅲ) 重要なのは$I'=U$、あるいは2-6項(4)式から$I=U'$の場合です。この場

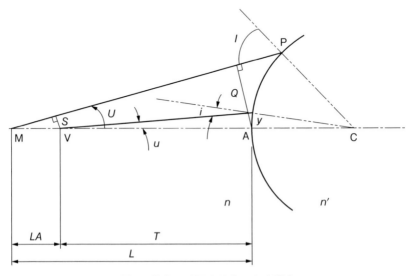

図1　物点が球面より左にある場合

5-4 とりあえず球面収差がなくなる条件とは

合には

$$r \sin I = Q - r \sin U$$

なので、$U=I'$ を考慮して

$$\sin I = \left(\frac{L}{r}-1\right)\sin U = \left(\frac{L}{r}-1\right)\sin I' \qquad (8)$$

スネルの屈折則により(8)式から、

$$\frac{n'}{n} = \frac{L}{r} - 1 \quad \to \quad L = r + \frac{n'}{n}r \qquad (9)$$

この条件を満たす、(9)式で求められる L の位置に入射光束がすべて向かう時、その面においては球面収差が発生せず、すべての光線が L' の位置を通過することになります。L' については、屈折後も同様にして $U'=I$ でもあるので(8)式は

$$\sin I' = \left(\frac{L'}{r}-1\right)\sin U' = \left(\frac{L'}{r}-1\right)\sin I$$

従って、

$$L' = r + \frac{n}{n'}r \qquad (10)$$

として得られます。また(9)(10)式から以下の関係が得られます。

$$nL = n'L', \qquad \frac{1}{L} + \frac{1}{L'} = \frac{1}{r} \qquad (11a、b)$$

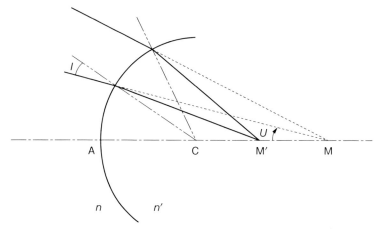

図2　アプラナティックな条件を満たす面

この場合、5-3項(4)式から $Q=Q'$ となり 5-3項(6)式の右辺第2項も0となることがわかります。この関係を満たした面についての作図を**図2**に示します。いかなる角度の入射光線も一点を通過しますので、Fナンバーの明るい大口径比の光学系には有益なことがよくわかります。光線は可逆ですので、方向を逆にして考えると1点から広い角度に放射する光線の形成する光束の開き角を徐々に緩くしていく重要な働きもします。こうした面を**アプラナティック（aplanatic）な面**と呼びます。光学系を構成する重要なパターンの一つです。(9)式によって入力光線の入力ターゲット位置と屈折球面形状の大体の関係がイメージできます。

5-5 球面収差のパワー分割による補正

　前項のアプラナティックな面、あるいはレンズは光学系において非常に象徴的で重要な要素ですが、この面だけで一般的な光学系の球面収差を除去することはできません。なぜなら光軸に平行な光線にはやはり平行な光束として射出する場合しかアプラナティックな解はなく、結像のパワーを持たないからです。ただの平面ガラスになってしまいます。ですから単レンズで比較的遠方の被写体に対する結像系を構成する場合などには、平行光束をとりあえず収束傾向にする仕掛けが

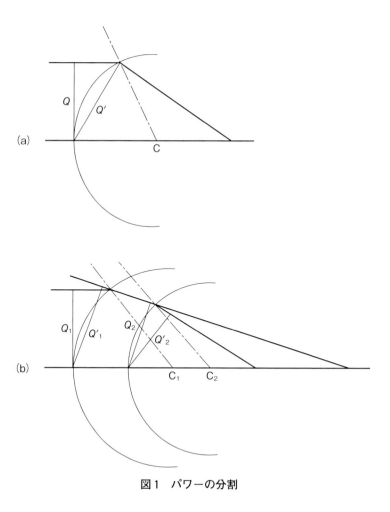

図1　パワーの分割

第5章 球面収差

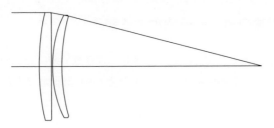

図2 球面収差最小解とアプラナティックレンズ
第3面がアプラナティックな面で、第4面は入射光が
その曲率中心向かうように（コンセントリック）構成
されている。

必要です。しかしそのような配置はアプラナティックな解ではないため、5-3項
(6)式にあるように単純な球面レンズであればどうしても球面収差が発生してし
まいます。そこで5-3項(6)式をよく検討してみると、球面収差量を決める各面
でのQとQ'の差の合計は、なるべく各面で均等に近く屈折量を分配した方が小
さくなることがわかります。

図1(a)に一面で屈折している場合、図1(b)に2面で屈折を分担している場合
を示します。レンズ設計には面を増やして役割を分担すると全体の収差は減少す
るという単純な原則がありますが、5-3項(6)式からもわかるように各面の$Q-Q'$
の累計を下げることが重要で、図1(b)のように面を分割することで、球面収差
の発生を少なくできます。ですからアプラナティックな収束で十分でない場合に
はパワーの分割が必要になります。

単レンズについて考えればその結像倍率、屈折率、Fナンバーに応じて球面収
差最小形状というものが決まってきます。そこに、さらに収差を減少させるため
にはもう一枚後ろにレンズを加えてさらに収差を分担することもできます。図2
に示したのは球面収差最小解に近い形の第一レンズで収束光を生出して、それを
アプラナチックな面で構成された正のレンズでさらに収束させるというシステム
です。実際のレンズ系によく見られるパターンです。この後にさらにアプラナテ
ィックなレンズを連続させることも可能です。

5-6　球面収差の打ち消し合いによる補正

　5-2項にあるように凸レンズ（凸面）は、光軸に近い位置を通過する光線以外は、レンズに近いところに、光を集めてしまう傾向が強くなります。これをアンダー（under）傾向と言います。この傾向は、向きを変えた凸レンズの面（**図1**）の場合にも同じです。つまり両凸レンズはアンダーな球面収差を持ちます。

　ところが、これに凹レンズの役割をする面が続くことを考えると（屈折率の高い側にお腹の出っ張っている面）、**図2**からわかるようにこの傾向が逆になって、オーバー（over）傾向を示します。うまいバランスで、こうした負のパワーを持つ面を配置してやれば球面収差が補正できる可能性があります。この時、マイナスのパワーの面、或いはレンズを入れると全体の焦点距離も変化してしまうので、収差と焦点距離のバランスを取りつつ、適切な硝子の選択を行い、巧妙に配置を行わなければなりません。　9-3項で登場するダブレットレンズにもこうした機能があります（9-3項図1）。凸レンズに屈折率の低い硝子、凹レンズに高い硝子を用いると図の接合面は負のパワーを持ちます。この面を挟んだ媒質の屈折率差

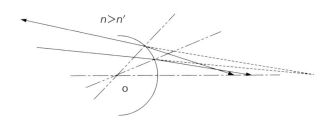

図1　正のパワーによるアンダーな球面収差

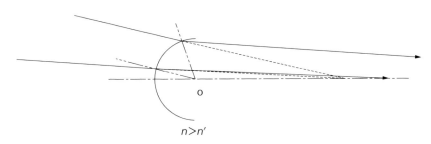

図2　負のパワーによるオーバーな球面収差

第 5 章　球面収差

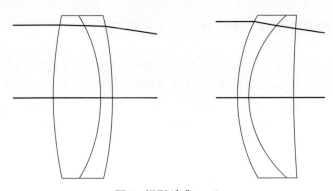

図 3　旧型ダブレット
双方とも凹レンズの屈折率の方が高く、接合面は負のパワーを持っている

は片方が空気の場合と異なり、かなり小さくなります。ですからパワーの割に、曲率半径を小さくすることができます。ということは、曲率がきつくなると収差も多く発生しますので、この面は上述の球面収差のオーバー側への補正に有効に働くことになります（**図 3**）。

　また 7-7 項に登場するトリプレットレンズでは、第 1 レンズとの空間を開け、第 2 レンズの凹面に入射する軸上光線の高さを下げることによって焦点距離へのマイナスの影響を減らしています。従ってここでも、凹レンズの曲率をきつくでき、その面は球面収差の打ち消しに役立ちます。

5-7 球面収差図

　球面収差を表すのに、**球面収差（の縦収差）図（図1）** というものがあります。縦収差と横収差があり、**横収差**は収差の像のにじみの大きさを直接示すものです。横収差は撮像素子やフィルム上の、本来は一点に集まらねばならない点光源の像のボケの大きさを表します。これに対し、この光線と光軸との交点の、光軸上に沿って測った焦点（フィルム位置）からの距離を**縦収差**と呼びます。像として表れる収差量を直接表してはいませんが、本来光軸上の一点に集まるべき光線が、収差があると、その焦点以外の場所で光軸をよぎってしまうことになり、光学系の光の収束具合を大局的に掴むのには適しています。

　さて、ここで図1に戻れば、収差図の横軸は上記の光軸との交点の座標です。縦軸は、収差図の対象となる光線が光学系のどこを通過してきたかを知るため、一般的には光線の絞り面における通過位置を示します。

　この、絞りの一番端を通過した光線の交点座標は、グラフの縦軸、一番上のラインに書き込まれることになります。絞りでの光線通過位置が中心から70％の

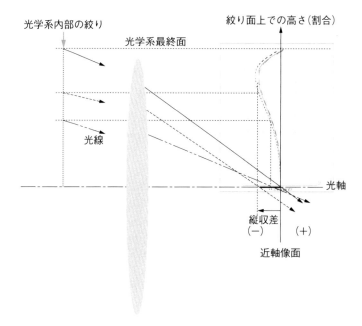

図1　球面収差図

第5章　球面収差

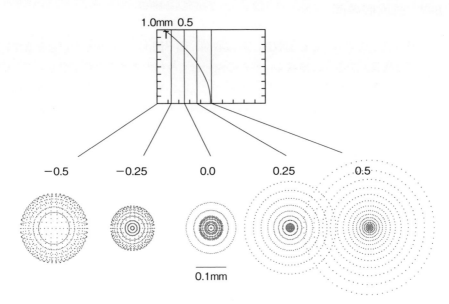

図2　球面収差図とそれに対応する点像の広がり　1

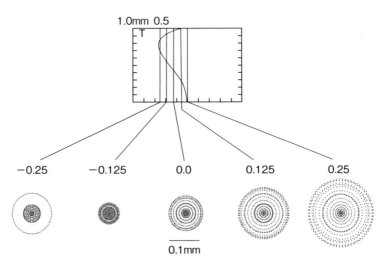

図3　球面収差図とそれに対応する点像の広がり　2

位置であれば、図も縦軸70％の位置に書き込まれます。こうしてプロットされたのが図1の球面収差図です。縦収差図を見ることによって、どんな収差補正が球面収差に対して行われているかがわかり、フィルム、撮像素子をレンズから見てどの位置に配するのか？絞りを絞った時、どの様な収差状況になるのか（絞りを絞ると、収差図の上の方から図がcutされていくことになります）？そのような内容については一目瞭然でわかることになります。

　図2と**図3**に異なるレンズの球面収差図を示します。図2の球面収差は絞りの端の方を通過する光線が近軸像面付近に戻って光軸とクロスしています。フルコレクションと呼ばれる収差補正のタイプです。それぞれの球面収差図の下に光軸に沿って像面位置をずらした時の点像の図（スポットダイヤグラム）を示します。どの位置に像面を置くべきかは、そうはっきりしていないこともわかります。中心部の光の集中が高い位置と、光の広がりが小さい位置とは一致していないように見えます。

　図4にはこれらのレンズの絞りを、球面収差図で言うと上から1/5の高さにまで絞った場合のスポットダイヤグラムを示します。もちろん双方ともに見た目の収差としては改善されますが、フルコレクションの図3のレンズに比べ図2の場合、最良像面がかなり移動していることがわかります（図2の球面収差図の横軸のスケールが大きいことにもご注目ください）。そうしたことが図から直感的に予期できるのが縦収差図の良いところでもあります。

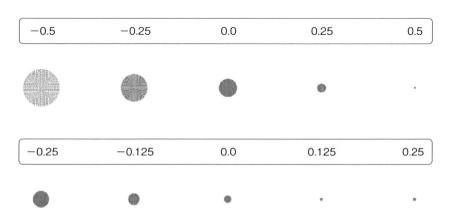

図4　上：図2、下：図3の光学系を絞った結果
図2,3と原点（0.0）は合わせてある。

5-8　光線の高さによる球面収差の違い

これまで、光学系への入射の高さ h の関数として球面収差について考えてきました。アプラナティックな系ではこの高さのいかんにかかわらず球面収差は発生しない訳ですが、そうではない一般的な場合には、h により異なる量の球面収差が発生します。最大の高さで光線が入射する際の球面収差を**周辺（marginal）の球面収差**、中間の位置で入射する光線の球面収差については**輪帯（zonal）の球面収差**と呼びます（図1）。

ここで、既述の方法とは異なる観点から球面収差を数式的に表してみましょう。前項の球面収差図を関数で表現することを考えます。すると球面収差図は、光軸に関しての完全な回転対称性がありますので、入射高さ h の関数、

$$LA' = ah^2 + bh^4 + ch^6 + \cdots \quad (1)$$

なる多項式として表現できるはずです。本来はこれらの右辺各項の成分の影響は単独ではなく合成されて表れるわけですが、次数の高い、高次の項の影響を単独で検討してみることができます。このように、あるレンズの次数で分けた球面収差の表示を図2、図3にしました。中央部に描かれているのが合成の球面収差です。h が高くなるにつれて高次の項の影響が大きくなっていくことがわかります。これらの項、あるいはこれ以上の高次の項により、複雑な球面収差の形が描かれていきます。高次収差によって球面収差をコントロールできることにもなります。5-3項における Q-Q' の値は曲率に対して h が高くなる時、つまり球面の接平面が大きく傾く時、増大します。F ナンバーが明るいレンズの時、高次収差の影響

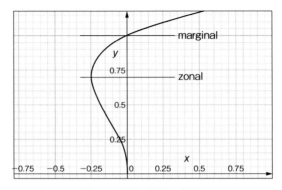

図1　球面収差図の領域

が増大するとも言えるでしょう。Fナンバーの明るい大口径比レンズの設計においては低次の収差をコントロールすると同時にいかに高次の収差により全体の収差の形を整えていくかということが重要になります。今後、(1)式右辺の第1項、2項、3項の球面収差をそれぞれ、第1、第2、第3の球面収差と呼ぶこととします。

仮に第1と第2の球面収差のみが存在し、$h=t$ (hの最大値をtとします。)の絞りの最周辺を通過する光線において（収差図の一番上にプロットされる光線）、球面収差が0とします（図3の収差タイプです）。のとき(1)式から

$$LA' = at^2 + bt^4 = 0$$

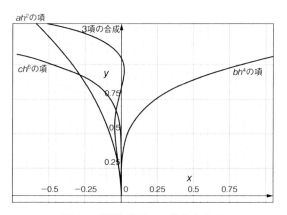

図2　球面収差図　3成分の合成

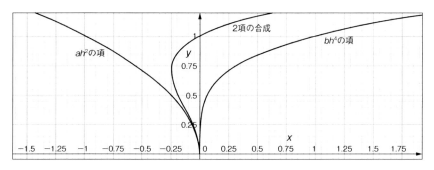

図3　球面収差図、フルコレクション型　2成分の合成
図1の場合とaの値が異なります。

従って、

$$b = \frac{-a}{t^2}$$

よって球面収差を表す式は

$$LA' = ah^2 - \frac{a}{t^2}h^4$$

となります。この関数を h で微分してみますと

$$1 - \frac{2h^2}{t^2} = 0$$

の時、極値を取ることがわかります。従いまして

$$h = \frac{t}{\sqrt{2}} \approx 0.707t$$

となり、高さ約7割のところで球面収差の最大値が存在するという結果が得られます。設計時の評価においてはこの位置での球面収差量の評価は特に重要になります。

さらに、図2にある第1、第2、さらに高次の第3の球面収差によりバランスしている場合を考えます。この時、$h=t$、$h=0.7t$ の位置で球面収差が0になっているとします。の場合には

$$LA' = at^2 + bt^4 + ct^6 = 0$$

$$LA' = a(0.7t)^2 + b(0.7t)^4 + c(0.7t)^6 = 0$$

の両式が成立していることになります。これらの式から係数 b、c が a と t を含む形で得られます。ここで、

$$A = 0.7^2 - 0.7^4, \quad B = 0.7^4 - 0.7^6,$$

と置いて、

$$LA' = ah^2 - \frac{a}{t^2}\left(1 + \frac{A}{B}\right)h^4 + \frac{a}{t^4}\frac{A}{B}h^6$$

なる式が得られます。この場合もこの関数を微分して極値を求めると、高さが大体 0.89 t、0.46 t のところで極値を持つことがわかります（**図4**）。この辺りの高さの球面収差も評価上重要です。

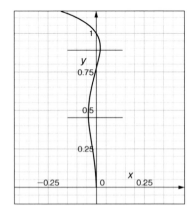

図4 高次収差を含む球面収差図の変曲点

第 6 章

軸外の収差、コマ収差

第6章 軸外の収差、コマ収差

6-1 軸外結像におけるメリディオナル断面とサジタル断面

1. メリディオナル断面

これまで通り回転対称な形状のレンズ、鏡などがそれらの回転対称軸を中心に存在しているとします。被写体に大きさがある場合の、光学系のパフォーマンスの理解のためには、光学系の開口の様々な位置に、様々な角度で入射する光線たちを、入射座標系によって整理する必要があります。例えばこれまでに登場した球面収差を考える場合には、光学系が光軸に対して回転対称であり、かつまた、唯一の点光源が光軸上に存在する訳ですから、全系は回転対称となり、光軸を含む光学系全体を切るような大きな代表平面内の光線の挙動を考えればよいことになります。スネルの屈折・反射則によると、入射平面内に入射した光線は屈折反射後もその面内に留まるからです。

そうした平面は光軸を中心にいくらでも定義できるわけであり、もしある光線が一つの平面に属さない場合でも、その平面を光軸中心に回転させて、その光線（入射点と光源）を含むようにしてやれば、光軸に対して同じ角度で光源から射出し、入射面上の入射位置の光軸からの距離が同じ光線は、この評価面の角度を適当にとれば、全て同じ意味を持つ光線となります（図1）。また軸外光源を考える場合には、この光軸を含む断面に軸外物点をも含めることにより、一つに決まります。自ずと像点もこの面内に存在することになります。

このような光学系の切り口を**子午面**、**メリディオナル**（meridional）**面**（あるいは**断面**）と呼びます（図2）。地球の赤道に直交する両極を結ぶ大円の円周は**子午線**（meridian）と呼ばれます。

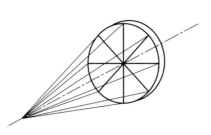

図1 メリディオナル（M）断面

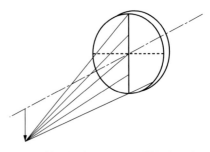

図2 軸外物点からのM断面内の光線

2. サジタル断面

実際には軸外物点からはメリディオナル面に含まれない光線も当然、射出します（**図3**）。A 点に入射することが表現されていますが、光学系は回転対称であるので、子午面、M 面を挟んで対称の位置に左右反転しただけの光線経路を通過する光線の入射点 A′ を考えることができます。そこで、光源とこの二つの入

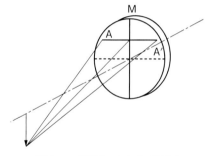

図3 M 断面に直交する平面

射点を含む平面を考えてみましょう。一般的には、この平面内には光軸は含まれませんが、子午面とは直交しています。一つに決まる子午面と異なりこの直交面はいくつも存在し得ることになります。光学設計では一般的に、これらの面のうち主光線（4-2項）を含むものを**球欠面、サジタル（sagittal）断面**と定義しています（**図4**）。これらの二つの面内の入射光線の挙動を調べて光学系の特性を表そうということです。子午面は常に平面ですが、図3にある球欠面として入射する平面は光学系を通過中に普通は平面ではなくなってしまいます。

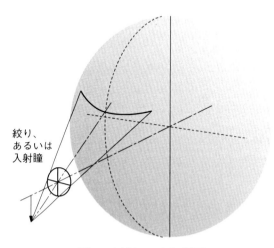

図4 サジタル（S）断面

6-2　軸外の収差、コマ収差と非点収差

　球面収差は光軸上に物点がある場合の回転対称性を持つ収差でした。被写体にはもちろん大きさがあるのが普通なので、光軸から離れた軸外に物点を想定しなければなりません。まず、一つの球面（曲率中心 C）による軸外物点 B の結像について考えましょう。図 1 は主に参考文献 1) Lens Design Fundamentarls に基づいています。少し複雑な図ですが、この図によって見事に軸外収差であるコマ収差と非点収差の発生原因について説明することができます。

　図 1 では屈折面の前方に絞りが存在しています。B を出て絞り上端を通る光線を上光線、下端を通る光線を下光線と呼びましょう。絞り中心を通過するのは主光線で、この光線の通過経路が収差を計る際の基準となります。また、B と曲率中心 C を結ぶ副光軸とも呼べる直線を設定します。するとこの副光軸中心に考えるとこの系は屈折に関しては完全に回転対称であることがわかります。ですからこの回転軸に対称な球面収差が発生するとも考えられます。上光線と下光線が副光軸を過る位置をそれぞれ、U'、L' としましょう。副光軸上の球面収差のためにこの 2 点は一致しません。すると、上光線、下光線の交点を T とするとき、この T も主光線上には存在しないことになります。1 点から出た 2 つの光線の収束点が主光線上にないということは、収差の基準点は主光線上にありますので、収差の存在を示しています。この T と主光線とのズレを **Tangential Coma（子午コマ）** と呼びます。

　ここで、さらにこのメリディオナル断面図に書ききれない光線を考えます。図 2 にあるように、絞り面上で左右の限界位置 D、E を通過する光線を考えます。この時、副光軸を回転対称軸として、B を頂点とし D、E をその底面の円周に含む、円錐を考えることができます。この円錐の D、E を含み副光軸に直交する

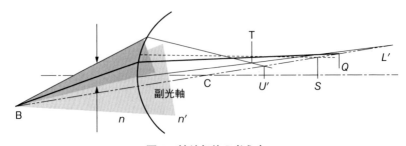

図 1　軸外収差の考え方

6-2 軸外の収差、コマ収差と非点収差

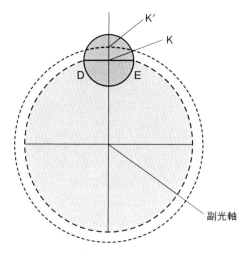

図2 サジタル方向の光線の通過位置

面内にある底面の円周を点線で図示しています。この円周の最上部に点Kをとります。このBからKを通過する光線は主光線の少し上を通過しますので、主光線と副光軸の交点Qより少し内側の点Sで副光線と交わります。この時注目すべきはKもD、Eも上記の円錐回転軸に対しては回転対称な位置にあるので、Bから、K、D、Eに至る三つの光線は、副光軸上の点Sを通過することになります。Sはこれらの、メリディオナル（M）面に直交する円周内に存在する光線の像点なのです。Sから主光線までの収差を **Sagittal Coma（球欠コマ）** と称します。絞り上の入射位置が変化すれば副光軸上の交点位置も変わりますのでその場合のTと主光線の距離も変化します。また球欠コマについても光線通過位置の乗る円周半径が変われば変化し、点像は得られなくなります。これがコマ収差の発生のメカニズムです。

　また、一つの球面の屈折に際しては子午方向、球欠方向で像点がズレてしまうこともわかります。これは**非点収差（astigmatism）**と呼ばれます。

　各面ごとに曲率も屈折率差も、副光軸も異なり、異なる条件下でのコマ収差、非点収差が積算されてトータルのコマ収差、非点収差が表れてくることになります。ですから、光学系全体で、うまく収差のバランスを取ってその量を押さえこめる可能性も出てくるわけです。

6-3 コマ収差

　ここでコマ収差について概念的に考えてみましょう。広義の意味ではコマ収差は球面収差に含まれてしまうように、その発生原因はすでに触れた球面収差の場合（**図1**）と同様です。

　球面収差を考える場合には、点光源は光軸上（この場合、無限遠の位置）にあります。光線①と②が球面に入射、屈折する際に入射角が大きく異なることが、これらの光線が光軸上の一点で交わらない、つまり収差の発生する原因でした。

　それでは、点光源が無限遠にではあるが、光軸上に存在しない場合を考えましょう。この時の光源は丁度、視線の方向からずれた位置に見える（視野に入る）星のようなものです。すると**図2**にあるように、図1と同様に、レンズの入射位置につれて入射角の大きな違いが起きます。

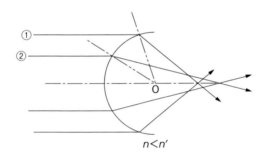

図1　球面収差の発生

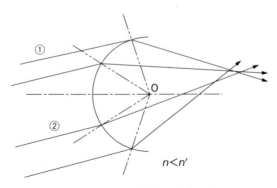

図2　コマ収差の発生

光軸に対して傾いた光線が入射してくるので、球面収差の場合よりさらに入射角の差が大きくなる可能性があります。図では①と②の光線に顕著に角度差が表れています。このように**軸外物点からの光線が1点に収束しない収差をコマ収差と呼びます**。複数の面で構成されている光学系においてもこの収差は累積し、あるいは打ち消し合いながらも多くの場合、光学系透過後も残存しています。点像の画像としては図3のようになります。

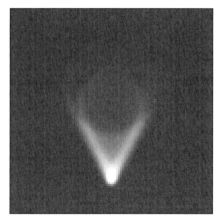

図3　コマ収差のシミュレーション

彗星のような形になるのでコマ収差と呼ばれています。因みにコマ（coma）とは彗星の核を取り巻いてその周辺に広がるガスやチリによる尾のようなものを言います。

このコマ収差は軸外収差であるため、一般的に画面周辺になるほど顕著になります。また図2から、コマ収差とは光束の入射位置高さ（有限倍率の場合には開き角）によって像の大きさが変わってしまうから起きる、と言うこともできます（図4）。

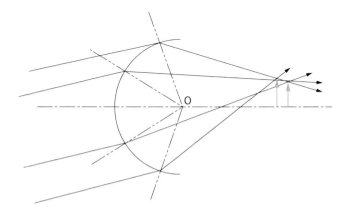

図4　光線入射位置による像の大きさの違い

6-4 正弦法則について

6-2項で定義しましたサジタルコマについての重要な性質について以下に説明させていただきます。この項で扱う正弦法則はヘルムホルツ―ラグランジュの不変則を近軸領域外の実際の周辺光領域まで拡張したものです。

6-2項の絞り面上の絞り任意の半径 ρ の円周上にある点 D、E を通過する光線を図1にあるように少し立体的に表してみます。軸外の出発点 B_0、物体の高さをhとします。前項から明らかなように、図1に於ける D、E を通過する光線は副光軸上で交差します。その点を S とします。S から光軸に下ろした垂線の交点を B′として S、B′の距離、つまり像の高さを h′とします。

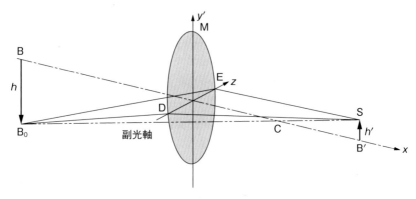

図1　球面収差と正弦法則

ここは大切なところですが、高さを表すこれらの量は微小な量とします。副光軸の光軸となす角度はそれほど大きくない、つまり近軸領域の角度である、という前提がこれからの導出の背景には必要です。

図2には軸上の点 B から射出して D、E と同じ絞り円周上にある点 M を通過して境界面に入射して光軸との交点 B′に達する光線を示しました。その時の物界、像界でも光軸との角度をそれぞれ、U、U'としましょう。いろいろな距離は図にあるようにとりました。あまり副光軸の角度が大きくなければ図1、2の B′の光軸上の位置は一致しているとしてよいでしょう。ただ、U、U' は大きな値でも問題ありません。ここで、この結像に於ける横倍率を考えると以下の関係が得られます。

6-4 正弦法則について

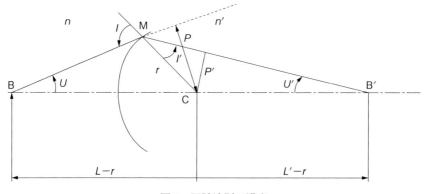

図2　正弦法則の導出

$$\frac{h'}{h} = \frac{L'-r}{L-r}$$

図2にあるような補助量 P、P' を考えれば

$$\frac{h'}{h} = \frac{P'}{\sin U'} \frac{\sin U}{P} \qquad (1)$$

スネルの屈折則より　　$n \sin I = n' \sin I'$
また、　　$r \sin I' = P'$,　　$r \sin I = P$
なので(1)式より

$$h' n' \sin U' = h n \sin U \qquad (2)$$

となり、正弦法則（optical sine theorem）と呼ばれる関係式が得られます。一つの面の情報がそのまま次の面に引き継がれ、第一面の入射情報と最終面の射出情報が結ばれることになります。非常に有益な法則ですが、異なる輪帯（ρ の異なる）からの光線のペアを用いると、h' も U' も異なる値になることが一般的であることに留意が必要です。

6-5 画面中心近傍のコマ収差を除去する正弦条件について

6-3項の図4からもわかるように、コマ収差は光線が入射する輪帯によって結像の倍率が異なる現象と捉えることができます。各屈折面に於ける個別の輪帯からの光線の結像位置については前節の正弦法則により明らかになっています。ただそこでの倍率は各論帯ごとに異なっています。

それではこのそれぞれの倍率が近軸横倍率に一致していればどうなるでしょうか？その場合には元々軸上に収差がなければ軸外像においても一点に光が集まり、無収差の状態になります。ただし球面収差がある場合には、そもそも h' がその上で一致する平面の位置が異なることになりますので（B′の位置が光軸上、輪帯により移動することになります）収差はなくなりません。球面収差がない場合は最終的に光学系から射出する角度 U'（近軸量は u'）を得て、像界の屈折率を n' とし（図1）、6-4項、正弦法則(2)式の連続により以下の条件下で軸上近傍のコマ収差は発生しなくなります。

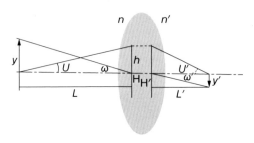

図1　正弦条件

$$\beta' = \frac{nu}{n'u'} = \frac{n \sin U}{n' \sin U'} \quad (1)$$

これを正弦条件と呼びます。

物体が非常に遠方にある場合には（図2）、物体までの距離を L とし、像までの距離を L'、物体の大きさ、像の大きさを y、y'、光学系への入射高さを h、主点への入射角、射出角をそれぞれ ω、ω' とすれば

$$\omega' = \frac{n}{n'} \omega \quad (2)$$

これらの角度は微小なので

$$y = L\omega, \qquad y' = L'\omega' = L'\frac{n}{n'}\omega, \qquad \sin U = \frac{h}{L}$$

となり、(1)式は

$$\beta' = \frac{y'}{y} = \frac{n \sin U}{n' \sin U'} \quad (3)$$

6-5 画面中心近傍のコマ収差を除去する正弦条件について

$$\frac{L'\omega}{L\omega}\frac{n}{n'} = \frac{nh}{n'\sin U'L}$$

L が無限に大きければ $L'=f'$ なので上式は、

$$f' = \frac{h}{\sin U'} \qquad (4)$$

とできて、無限倍率時の正弦条件が得られます。

コマ収差というものは、画面中心ではなく光軸から外れた位置で発生するものですから、軸上からの点像、あるいは光軸に沿った平行ビーム等を結像の対象とする光学系の場合には、考慮しなくてもよいようにも思われるかもしれません。しかし実際には光学系には製造上の誤差による傾きも存在し、少なからずいくらかの画角が発生することになります（図3）。従って、このような場合にも画面中心付近のコマ収差による画質の悪化についての考慮が必要になり、上記正弦条件の成立が必須条件となります。

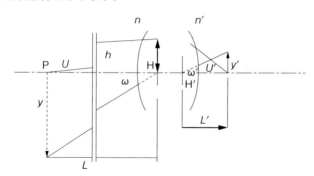

図2　無限倍率における正弦条件

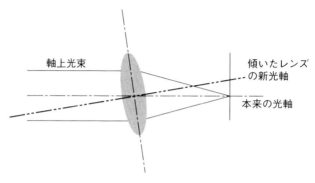

図3　傾いたレンズの効果

6-6　正弦条件からわかること

　正弦条件を満たしている光学系とはどのようなものでしょうか？正弦条件の6-5項(3)式、あるいは(4)式をよく見てみましょう。光学系に入っていく光線と、出てくる光線を双方光学系に方向にそのまま伸ばしてみますと、有限倍率系の時、6-5項(3)式が成り立てば、$y:y'=L:L'$なので図1にあるような二つの円が描けます。それらの比が横倍率になるような半径 L, L' の円に光線は入射し、同じ高さを保って後ろの円から射出して像点に向かいます。これらの円と光軸が交わる位置を、近軸理論で導出された前側主点と後側主点とに一致させれば、レンズメーカーの式における a, b と L, L' は対応することになります。正弦条件が成立している光学系では、光線はこのような経路を物界と像界で進む、ということです。

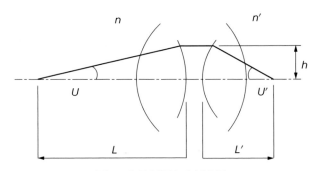

図1　主入射面と主射出面

　二つの面の間で光線の高さが保たれるのは近軸領域では主平面の性質でした。ですから、これらの面は（実際には球面）は主平面の近軸領域の制限を外した実空間での姿、と考えられます。これらの一対の面は主表面と呼ばれることがあります。
　さて、無限倍率の時、6-5項(4)式が成り立てば図2にあるような円が描けます。その半径は f' です。この時は前側の主表面は平面になっています。この平面での光線入射高さが保存され、後側の主表面から像点に向かって光線が出てきます。ここで、光学系の明るさを表すFナンバーを考えてみますと、

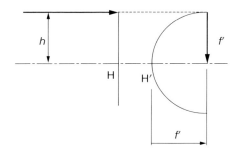

図2 無限倍率の場合

空気中では
$F=f'/(2h)=1/(2\sin U')=1/(2NA)$

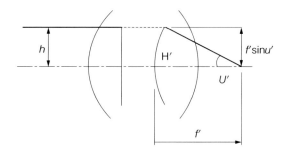

図3 主点上の主表面、FナンバーとNAの関係

$$F=\frac{f'}{2h}$$

となります。図2からわかるようにこの円の半径はf'ですのでhはf'以上の値をとることができません。従いまして正弦条件が成立している一般的な結像レンズではFナンバーは0.5以下にすることは困難であることがわかります。さらに像点への収束角度θを用いて表される明るさの指標$N.A.$(開口数)、

$$NA=n'\sin\theta$$

は空気中では、上記Fナンバーと

$$F=\frac{1}{2NA}$$

のシンプルな関係で結ばれるのも正弦条件が成立しているからです（図3）。

6-7 幾何光学において重要な光路長差

ここで収差の話とはすこし離れ、本来であれば2-5項「光線の構造」の後に配置すべきフェルマーの原理による光線の性質についての説明をさせて頂きます。結像、収差あるいは近軸近似等についての知識があれば、より理解しやすくなるのではないかと思い、本項でお話しさせて頂きます。正弦条件にも繋がり、光線追跡のみに頼らずに光学系の構造を考察するためには重要な内容です。

図1にあるように、微小な光源が存在し、そこから射出した光線により像面に明るい領域、光斑が生じている場合を考えましょう（途中に光学系があっても構いません）。光源と光斑の、これらに直交する座標軸を含む断面内の長さを dr、dr' としましょう。光源の端から軸と角度 α で射出する光線と、そのごく近傍に存在する光線を考えます。射出位置（点B）、射出角度が微妙に異なっています。それぞれの光線が像面でA′、B′ という光斑の端の点に到達します。ここで光線 AA′ が像界で座標軸となす角度を α' としますと以下の関係、

$$[BB']-[AA'] = n'dr'\sin\alpha' - ndr\sin\alpha \quad (1)$$

が導けます。物体と像の距離、角度 α、α' 以外は微小量の前提があるので近軸理論内で扱ってよいのですが、像界でのそれぞれA′、B′を通過する2光線のなす角度については、それを無視できるかどうかの検討はやや込み入ってきます。そこで偽経路 $BPQB'$ を設定してこの光路長（2-2項）と、真光線 BB' の光路長の差が2次以上の微小量になるというフェルマーの原理を直接用いると

$$[BB']-[AA'] = [BPQB']-[APQA']$$
$$= [BP]+[QB']-[AP]-[QA'] \quad (2)$$

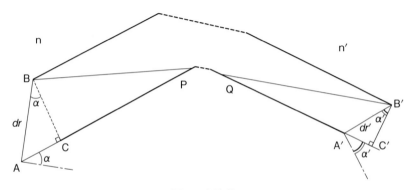

図1　光路差1

とシンプルに表現できます。微小量の2次以上の量は無視しました。あとは $\angle BPC$ と $\angle B'Q'A'$ が非常に小さい角度であるとして近軸領域内での処理で(1)式が導ける訳です。ここで、図2にあるようにAを出発してB'に達する光線を探します。この時の光線 AB' の光線 AA'、BB' と為す微小な角度をそれぞれ、$d\beta$、$d\beta'$ とします。また、Bから、そしてA'から光線 AB' に下した垂線の交点をそれぞれ、C#、C#' としましょう。この場合 $d\beta$、$d\beta'$ はやはり非常に微小な角度であって、上記の式の場合と同様に以下のようにできます。

$$[AA']-[BB']=[AC\#]+[C\#C\#']-[C\#C\#']-[C\#'B']$$
$$=[AC\#]-[C\#'B'] \quad (3)$$
$$[AA']-[BB']=ndr\sin(\alpha+d\beta)-n'dr'\sin(\alpha'+d\beta') \quad (4)$$

ここでさらに、三角関数の加法定理を用い、$d\beta$、$d\beta'$ が微小であることにより、近軸領域における微小量を無視する近似を行うと、上式は以下のように整理されます。

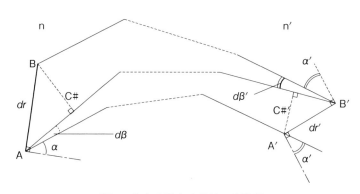

図2　角度の異なる光線の光路差

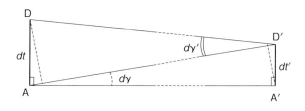

図3　サジタル方向の光路差

$$[AA']-[BB']=ndr\{\sin\alpha+\cos\alpha d\beta\}-n'dr'\{\sin\alpha'+\cos\alpha' d\beta'\} \quad (5)$$

(1)式と(5)式の辺々を加えて移項すれば、

$$ndr\cos\alpha d\beta = n'dr'\cos\alpha' d\beta' \quad (6)$$

とメリディオナル面内の不変量が求められます。

ここで、dr、dr' と主光線を含む平面と垂直方向の平面を考え、**図3**にあるようにこの平面内での A、A′ の微小移動距離 dt、dt'、移動後の点、D、D′、微小角度 $d\gamma$、$d\gamma'$ をとります。図2と図3を比較すれば図3において線分 AD、A′D′ が主光線と垂直であるところが異なるだけであるので、$\alpha=0$ と置いた場合の(6)式と同様の形として

$$ndtd\gamma = n'dt'd\gamma' \quad (7)$$

なる関係が得られます。ここで(6)、(7)式を辺々掛け合わせれば、光源、光斑の微小面積として、以下のように考えられて、

$$dS = drdt, \quad dS' = dr'dt'$$

dS'、dS にそれぞれ張る立体角（11-1項）について

$$d\Omega = d\beta d\gamma, \quad d\Omega' = d\beta' d\gamma'$$

と置いて

$$n^2\cos\alpha dSd\Omega = n'^2\cos\alpha' dS'd\Omega' \quad (8)$$

なる重要な関係が導かれます。この(8)式が成立することは **Straubel の定理**と呼ばれ、両辺に保存される量は**一般化されたラグランジュの不変量**（The Generalized Lagrange Invariant）とも呼ばれます。2-5項の光線の構造の基となっているのはこの不変量なのです。

6-8　アイコナールと結像の余弦則

前項に引き続き光路長による幾何光学理論について説明させて頂きます。ここで、前項図1の角度 α、α' と以下の関係、

$$\phi+\alpha=\phi'+\alpha'=\frac{\pi}{2} \quad (1)$$

にある角度 ϕ、ϕ' を考えると、6-7項(1)式は以下のように表せます。

$$[BB']-[AA']=n'dr'\cos\phi'-ndr\cos\phi \quad (2)$$

ここまでの考察は2次元面内でのものでしたが、3次元的にも同様の考察が可能です。距離を表す線分 dr も立体的に $(dx、dy、dz)$ と置けて、角度 ϕ は x、y、z 軸からの角度 $(\alpha、\beta、\gamma)$ に置き換えれば(**図1**)、光路長の差を表す(2)式は成分ごとに以下のⒶグループの3式で表されます。以下の式において V は AA′ 間の光路長を表します。dV は AA′ 間と BB′ 間の光路長の差、(2)式の左辺の量を表すことになります。

$$\begin{aligned}
dV_x &= n'dx'\cos\alpha' - ndx\cos\alpha \\
Ⓐ \quad dV_y &= n'dy'\cos\beta' - ndy\cos\beta \quad (3) \\
dV_z &= n'dz'\cos\gamma' - ndz\cos\gamma
\end{aligned}$$

ここで6-7項図1の物界のBの位置のみ変化した場合を考えましょう。本来は同じ角度でBが変化すれば一般的にはB′の位置も変わってしまうのですが、Bからの光線角度を微妙に調整すればB′を不動とすることは可能です。この微

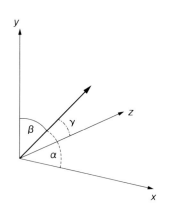

図1　x、y、z 軸からの角度、α、β、γ

調整角度は極微小な角度となるので無視できます。すると、上記Ⓐ(3)式から、Ⓑグループの六つの式が得られます。

$$
\text{Ⓑ}\quad
\begin{array}{lll}
\dfrac{dV}{dx}=-n\cos\alpha, & \dfrac{dV}{dy}=-n\cos\beta, & \dfrac{dV}{dz}=-n\cos\gamma \\[6pt]
\dfrac{dV}{dx'}=n'\cos\alpha', & \dfrac{dV}{dy'}=n'\cos\beta', & \dfrac{dV}{dz'}=n'\cos\gamma'
\end{array}
\quad(4)
$$

これらの式の上での操作は数学的には偏微分と呼ばれ、Ⓒグループの六つの式のように偏微分の記号を用いて表されます。

$$
\text{Ⓒ}\quad
\begin{array}{lll}
\dfrac{\partial V}{\partial x}=-nL, & \dfrac{\partial V}{\partial y}=-nM, & \dfrac{\partial V}{\partial z}=-nN \\[6pt]
\dfrac{\partial V}{\partial x'}=n'L', & \dfrac{\partial V}{\partial y'}=n'M', & \dfrac{\partial V}{\partial z'}=n'N'
\end{array}
\quad(5)
$$

方向余弦を用いているので、
$$\cos^2\alpha+\cos^2\beta+\cos^2\gamma=L^2+M^2+N^2=1$$
$$\cos^2\alpha'+\cos^2\beta'+\cos^2\gamma'=L'^2+M'^2+N'^2=1$$
の関係があります。従って

$$\left(\frac{\partial V}{\partial x}\right)^2+\left(\frac{\partial V}{\partial y}\right)^2+\left(\frac{\partial V}{\partial z}\right)^2=n^2 \quad(6)$$

$$\left(\frac{\partial V}{\partial x'}\right)^2+\left(\frac{\partial V}{\partial y'}\right)^2+\left(\frac{\partial V}{\partial z'}\right)^2=n'^2 \quad(7)$$

と、物界、像界のそれぞれ3式を合成することも可能です。この式は**アイコナール（eikonal）方程式**と呼ばれます。因みにこの結果の基となる(2)式は図2にあるように物界と像界の点（AとA'、BとB'）が其々共役関係にある場合にも

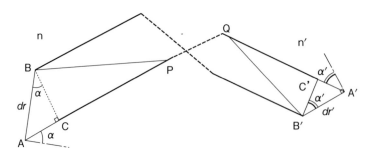

図2　共役関係の場合の光路差

全く同様に導くことができます。すると、理想的な結像が起こっていれば、どの角度でそれぞれ A、B を出発しても A、A′ を結ぶ経路の光路長と BB′ を結ぶ経路の光路長は一定になります。一定値を C とすれば、

$$C = n'dr'\cos\phi' - ndr\cos\phi \quad (8)$$

と表せます。この式は結像の余弦則と呼ばれます。

ここまでちょっと複雑な話になってしまいましたが、光学系の結像を理解する上で非常に便利な量・関係式を得ることができました。これまででご理解いただけるように、ここでの関係式の基になっているのは6-7項の(1)式です。それは隣接して存在する光線同士の関係を表す、フェルマーの原理に基づく幾何光学において非常に重要な関係です

6-9　結像の余弦則から正弦条件を導く、そして縦倍率とは

収差の話にだんだん戻ってきましょう。さて、前項図2の角度 α、α' を測る基準となる軸を物界、像界における光軸とみなし、それと直交する像平面上の微小距離を dr、dr'（これら2つの距離が微小な長さであることはこれまでの検討においてと同様に重要です）とすれば、結像の余弦則、あるいは同じ意味を持つ6-8項(2)式が得られます。軸上の点 A が点像 A′ として完全に結像して、B、B′ 間にも同様の関係が成立している場合です。さらに光軸に一致する経路の光線を考えれば $\alpha=0$、$\phi=\phi'=90$ 度なので

$$0 = n'dr'\cos\phi' - ndr\cos\phi$$

となり $C=0$ ということがわかります。従って

$$\frac{n\sin\alpha}{n'\sin\alpha'} = \frac{dr'}{dr} = \beta'（横倍率） \qquad (1)$$

という式が成り立ちます。光軸に回転対称な光学系がこの条件を満たすとき、軸上の球面収差がなければ A′ の近傍の点 B′ においても無収差の結像が得られることを示しています。この式は既述の正弦条件式と全く同じものです。異なるルートから導かれたようにも見えますが、正弦則の図（6-4項）に前項図2と同じ配置がよく見ると発見できます。

この正弦条件はどの光学系においても重要であることは既に述べましたが、画角が小さい顕微鏡対物のようなレンズ設計においては特に支配的です。しかし、実際の現代の設計では光学系の構造・限界等を理解する際には有用ですが、様々な画角の点像から収差を除いていくコンピュータによる最適化（12-6項）の過程で、自然と成立しているものです。意外と意識されていない面があるかもしれません。

ところで、この条件は横倍率 β' に依存していますが、ある撮影倍率で正弦条件を満たす様に設計した場合、その他の倍率（撮影距離が変化して）では正弦条件はどうなってしまうのでしょうか？ カメラレンズなどでは当然、いろいろな距離の被写体を撮影対象とするので重要な検討です。設計した物体位置から光軸に沿って微小長さ dz を持って横たわる物体の結像について考えてみましょう。

先ほどは 6-8 項(2)式において光線と光軸のなす角度が 0 度の場合の定数 C を求めました。ここでは、B が光軸上に存在する場合を考えましょう（**図1**）。B′ はやはり光軸上にありますが、この時も B′ に角度 ϕ が変化した場合の光線が無

6-9 結像の余弦則から正弦条件を導く、そして縦倍率とは

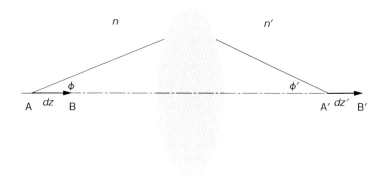

図1　縦倍率及びハーシェルの条件

収差に集光するとして、その線分の長さを dz、dz' とすれば光路長差は明らかなので6-8項(2)式は（ϕ は dz と光線のなす角度と考えます。）、

$$n'dz' - ndz = n'dz'\cos\phi' - ndz\cos\phi$$

となります。さらに

$$\frac{n}{n'}\left(\frac{1-\cos\phi}{1-\cos\phi'}\right) = \frac{dz'}{dz}$$

ここでの軸上の距離 dz' と dz の比は縦倍率と呼ばれます。三角関数の半角の公式を用いて縦倍率を α' とすれば以下の関係が得られます。

$$\alpha' = \frac{n}{n'}\left(\frac{\sin\phi/2}{\sin\phi'/2}\right)^2 \quad (2)$$

この式をハーシェル（Herschel）の条件と呼びます。光軸上の微小な範囲で球面収差が除去される条件です。

ここで、3-3項(10)式、$\dfrac{n'}{L'} = \dfrac{n}{L} + \dfrac{n'-n}{r}$ の両辺を L で微分してみましょう。

$$\frac{n'd\left(\dfrac{1}{L'}\right)}{dL'}\frac{dL'}{dL} = -n\frac{1}{L^2}$$

$$\frac{dL'}{dL} = \frac{n}{n'}\frac{L'^2}{L^2} \quad (3)$$

L を z、L' を z' と置き換えれば(3)式は縦倍率 α' を表す式です。また、横倍率 β' は

第6章 軸外の収差、コマ収差

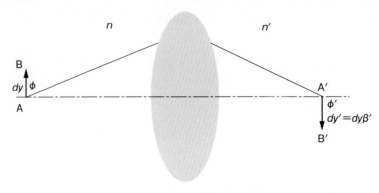

図2 ハーシェルの条件と正弦条件の比較のための図

$$\beta' = \frac{h'}{h} = \frac{u'L'}{uL} = \frac{nL'}{n'L}$$

なので、

$$\alpha' = \frac{n'}{n}\beta'^2 \quad (4)$$

という縦倍率と横倍率の関係が得られます。従って、正弦条件とハーシェルの条件が両立するためには

$$\frac{n}{n'}\left(\frac{\sin \phi/2}{\sin \phi'/2}\right)^2 = \frac{n'}{n}\left(\frac{n \sin \phi}{n' \sin \phi'}\right)^2 \quad (5)$$

の関係が成立しなければなりません。この関係は $\phi = \pm\phi'$ の時しか成り立ちません（**図2**）。すなわち(1)式から横倍率 β' が $\pm n/n'$ の時のみに光軸付近のコマ収差と光軸方向に長さを持った像の収差がないことが両立することになります。それ以外の一般的な結像状態では光軸上での位置が定まったある平面内でしか正弦条件は成立しません。像面内の正弦条件を優先する通常の光学系は設計した倍率以外では軸上付近でも収差を持つことになります。

6-10 アプラナティックレンズとコマ収差

既に球面収差が発生しないアプラナティックな条件については検討しました (5-4 項)。ここで、コマ収差を除去するためにこの条件を再考しますと、i) $U=I$、$U'=I'$ の場合には物点、像点とも面頂点にありますが (図1)、

$$\frac{\sin U}{\sin U'} = \frac{\sin I}{\sin I'} = \frac{n'}{n} \quad (1)$$

と左辺は定数になります。正弦条を考えますと、ラグランジュの不変量 (3-2 項) から

$$\frac{n \sin U}{n' \sin U'} = \frac{h'}{h} = \frac{nu}{n'u'} \quad (2)$$

となります。この場合、u で入射した近軸光線は屈折面頂点で屈折するので上式最右辺は、1 となり(1)式と一致し、(1)式は正弦条件を満たしていることがわかります。

次に ii) $U=U'$ の場合には

$$\frac{\sin U}{\sin U'} = 1 \quad (3)$$

となりますが、正弦条件を考えると、近軸量においても $u=u'$ となるので、正弦条件(2)式最右辺は n/n' となり(3)式と一致し、やはり(3)式は正弦条件の成立を示していることがわかります。

さらに最も重要な iii) アプラナティックな $U=I'$、$U'=I$ の場合を考えますと、

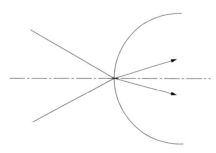

図1 i) 面頂点に物体と像がある場合

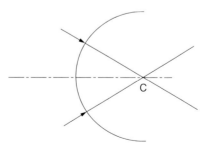

図2 ii) 球面曲率中心に物体と像がある場合

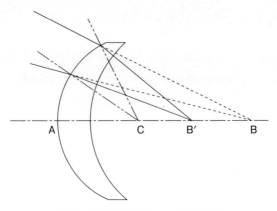

図3　アプラナティックレンズ
iii)の条件の面の後を、ii)のコンセントリックな面で引き継ぎ、レンズとして成立させたもの。全体として負のパワーのものも可能

$$\frac{\sin U}{\sin U'} = \frac{n}{n'}\frac{n'}{n}\frac{\sin I'}{\sin I} = \frac{n}{n'} \quad (4)$$

となりますが、正弦条件(2)式においても $u=i'$、$u'=i$ と置けますので、近軸領域でのスネルの屈折則が成り立ち、(4)式は正弦条件と一致していることがわかります。

　以上の考察により、球面収差のないアプラナティックなレンズの画面中心近傍にはコマ収差も存在しないことになります。このようなレンズを**アプラナート**と呼びます（**図3**）。光学系を形成する際には重要なレンズ構成のパターンとなります。

6-11 球面収差が残っている時の正弦条件

これまで正弦条件は球面収差が補正されている場合に考えたものでした。ところが実際の設計の場面では球面収差が除去しきれない場合も多々あります。ここでは球面収差が残存している場合の光軸近傍のコマ収差について検討します。**図1**には光学系の面と、射出瞳EP′が描かれています。射出瞳中心を通る近軸主光線を考えます。光軸となす角度は微小です。光軸上の位置Pの近軸像面とこの近軸光線の交点をB′とします。それから**図2**の軸上光束メリディオナル面内の周辺の光線が光軸と交わる位置をMとし、Mにおける光軸との垂線と近軸光線との交点をQとします（図1）。L' は便宜的な計算の基準です。この時、正弦法則を導いた時のサジタル面に存在する両翼の二つの周辺光線を考え、その光線同士の交点をSとします。角度θが微小であればこのSがMQを結ぶ直線上にあるとしても問題ないでしょう。SQはサジタルのコマ収差を表すことになりますが、Conradyにより正弦条件不満足量（offense against the sine condition：OSC）が以下のように定義されています（図1）。

$$OSC = \frac{QS}{QM} = \frac{SM - QM}{QM} = \frac{SM}{QM} - 1 \quad (1)$$

$$QM = h'\left(\frac{L' - g'_{pr}}{g' - g'_{pr}}\right) \quad \text{従って} \quad OSC = \frac{h'_s}{h'}\left(\frac{g' - g'_{pr}}{L' - g'_{pr}}\right) - 1 \quad (2)$$

図2の単独面における正弦法則は常に成立していて複数面の場合も継承され

$$h'_s n' \sin U' = h_1 n \sin U \quad (3)$$

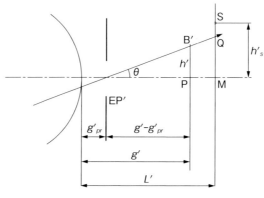

図1　サジタルのコマ収差

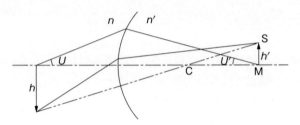

図2　サジタル方向に広がりのある面上の光線と、メリディナル面上のマージナル光線

と表現できます。よって(2)式は

$$OSC = \frac{h_1 n}{h' n'} \frac{\sin U}{\sin U'} \left(\frac{g' - g'_{pr}}{L' - g'_{pr}} \right) - 1 \quad (4)$$

近軸横倍率 β' を用いて

$$OSC = \frac{n}{n' \beta'} \frac{\sin U}{\sin U'} \left(\frac{g' - g'_{pr}}{L' - g'_{pr}} \right) - 1 \quad (5)$$

とでき、光線追跡による倍率 M、球面収差 LA' を以下のように定義し、

$$M = \frac{n \sin U}{n' \sin U'}, \qquad LA' = L' - g'$$

(5)式は、

$$OSC = \frac{M}{\beta'} \left(1 - \frac{LA'}{L' - g'_{pr}} \right) - 1 \quad (6)$$

とも表現できます。(6)式の OSC を低減することが近傍のコマ収差を抑えることになります。また、光線が絞りのどこを通過するかによって球面収差と一緒に OSC も変化することになります。その役割に瞳位置 g'_{pr} が大きく影響することがわかります。(6)式を瞳位置について解き直し OSC と瞳位置の関係を求めると以下のようになります。

$$g'_{pr} = L' - \frac{LA'}{\frac{M - \beta'}{M} - \frac{\beta'}{M} OSC} \quad (7)$$

(7)式の OSC を 0 にすれば、コマの発生しない瞳位置がわかります。さらに被写体が無限遠の場合には軸上光線の入射高を $\bar{h}$ とすれば無限倍率時のラグランジュの不変量（3-2項）を $n\bar{\theta}\bar{h} = n'h'u'$、また $F = n'h'_s/(n\bar{\theta})$、$f' = \bar{h}/u'$ として(6)式は

$$OSC = \frac{F'}{f'}\left(1 - \frac{LA'}{L' - g'_{pr}}\right) - 1 \quad (8)$$

とできます。

第 7 章

非点収差と像面湾曲

7-1 非点収差とは

6-2項で触れた非点収差について、ここから検討していきます。図1にあるレンズ面を考えましょう。そこに軸外光束が入射しているとします。光束内の光軸を含むメリジオナル断面内の光線は、この断面内でスネルの屈折則に従い屈折されます。そこで入射角図1にあるように計算されますが、この時、計算に使用される曲率半径はレンズ球面の大円のそれです。

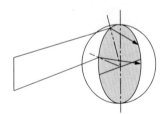

図1　メリディオナル面内での屈折

今度はサジタル面内の光線について考えてみましょう。メリディオナル面に直交し主光線を含む面です。今度は図2にあるように屈折は計算されます。3次元で考えなければならないので少し複雑ではありますが、この場合y方向に光線はある程度屈折することになります。この

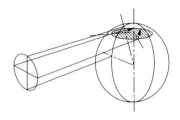

図2　サジタル面内での屈折

時z方向の屈折はレンズ球面の小円の曲率半径により計算されることになります。つまりこれら二つの断面内では、曲率半径の異なる面による屈折が起きることになります。そして両断面内の周辺光線が、主光線と交わる位置が異なることになります。この事情は複数面存在してもどの面でも同じですので、光学系通過後の像面付近においても二つの断面内の光線で収束位置が異なることが容易に想像できます。この「二つの断面内で収束位置が異なる量」を**非点収差**と呼びます。

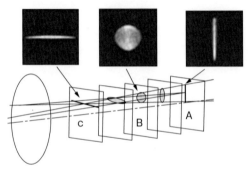

図3　非点収差、*M*、*S*焦線、最小錯乱円のシミュレーション

図3にあるように縦横で収束位置が異なれば、それぞれの焦点位置で点像ではなく、線像ができてしまいます。実際に画像の解像力を調べるときには図4のようなチャートが使用されるのですが、数本の細い線が分離して見えるかどうかを調べます。すると、横長の線像でも、それと同方向に伸びる線の分離は確認できるでしょう。検知せねばならない線と線の隙間を方向には像は大きさを持っていないので、隙間を結像させ

図4　解像チャート

ることができます。つまり、メリディナル断面内の収差は横の線の見え方に影響し、サジタル断面内の収差は縦方向の線の見え方に影響を与える訳です。

　単独の点光源の場合には、このような理解が可能なのですが、それでは画像全体を考えた場合の非点収差の影響を考えてみましょう。図5にあるように解像チャートを回転対称状に画面全域に配置して、これを投影するか、結像させるかにより検査は行われます。チャートの集合、全体の中央が光学系の光軸位置と一致しています。光学系のメリディオナル面とサジタル面の違いに考慮すると、メリディナル方向の性能はチャート配置円の円周の接線方向の線チャート像の解像に、サジタル方向の性能はこれと直交する直径方向（放射方向）の線チャート像の解像に影響することがわかります。

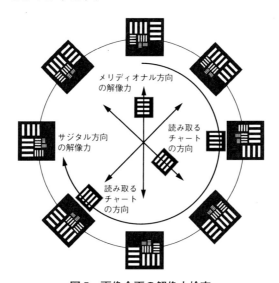

図5　画像全面の解像力検査

7-2 スポットダイヤグラム

絞りは円形であることが基本ですので、その中心を通る直交する2断面（メリディオナル断面、サジタル断面）内に存在するものに限って評価光線を整理して考えることは、収差の性質を表現しやすく、収差補正上非常に有益です。あまり情報量が増えすぎると見通しが悪くなてしまいます。

もしも、くまなく入射する光線の挙動が知りたい場合には、多くの光線を追跡し、その像面上の到達位置をプロットする**スポットダイヤグラム**（spot diagram）というものを計算することができます（図1、図2）。もちろん計算機能力の向上により可能となった評価手法です。

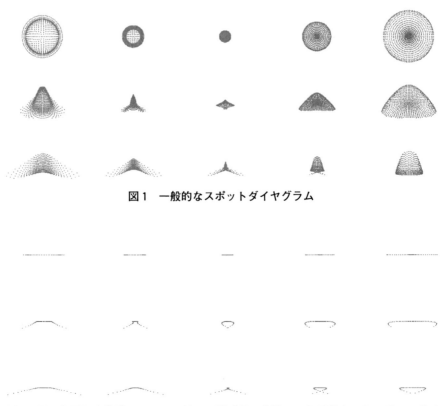

図1　一般的なスポットダイヤグラム

図2　図1と同じ光学系においてサジタル面近辺の光線のみを通過させたスポットダイヤグラム

7-2 スポットダイヤグラム

　図1は物平面上の端、中間部、中央の位置に点光源を配置し、5箇所のピント位置（像面を若干移動させて）で評価した結果です。いろいろな収差の影響で、かなり複雑な形状になっています。縦方向には像高順にスポットダイヤグラムが並んでいます。この図の場合一番上が画面中心、軸上の図で、一番下が画面一番端位置での図です。また、横方向へのズレが焦点面位置のズレと対応しています。こうすると像面位置をどのあたりにシフトすると全体のバランスが取れるのか、確認しやすくなります。

　図2は絞りを通過する光線のうち、主光線を含むサジタル断面付近に位置する光線だけを通過させた評価です。他の条件は全く同じですので、サジタル断面内の光線がスポットの大きさ、幅を旨く代表していることがわかります。

　上記のスポットダイヤグラムではあまり光が集中しすぎると、塗り潰され強さの度合いはわかりません。そこで、**図3**にあるように高さを知る必要があります。本質的には考え方はスポットダイヤグラムと同じなのですが、点光源の像の明るさの分布まで定量的に計算したものを点像強度分布（Point Spread Function）PSFと呼びます。図3(a)のPSFは幾何光学的PSFではなく、回折現象の影響も表せる波動光学理論に基づき計算してみました。後述（12-2項）のフラウンホーファー回折像の分布に近くなっています。

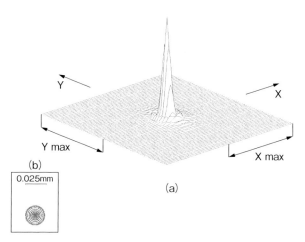

図3　(a)点像強度分布（波動光学）　(b)同じ対象のスポットダイヤグラム

7-3 メリディオナル像点とサジタル像点位置の計算

非点収差による2像面のズレ量を計算してみましょう。**図1**においてBを軸外物点、Cを屈折面の曲率中心、Pを収差の基準となるBから発する主光線の屈折面での入射位置とします。ここで、やはりBから出発する主光線近傍の別の光線を考えます。その入射点をGとしましょう。屈折後、主光線とこの近傍光線との交点をBtとし、その時の微小な射出角度の差をdUとします。すると近軸近似から距離PGは、

$$PG = rd\theta \quad (1)$$

と表されます。また図から明らかに

$$\theta = I + U, \quad \theta + d\theta = I + dI + U + dU \quad \rightarrow \quad d\theta = dI + dU \quad (2)$$

また、図における線分PQはPにおいて主光線と直交しています。すると、$BQ = t$として$PQ = tdU = PG\cos I$の関係が近似的に成り立ち（**図2**）、(1)、(2)式より、

$$t(d\theta - dI) = rd\theta \cos I \quad \rightarrow \quad dI = \left(1 - \frac{r\cos I}{t}\right)d\theta \quad (3)$$

となります。全く同様にして屈折後の関係も得られます。θとrは屈折後も変わりません。また、QBtの距離をt'としています。

$$dI' = \left(1 - \frac{r\cos I'}{t'}\right)d\theta \quad (4)$$

さて、ここでスネルの屈折則$n\sin I = n'\sin I'$を微分すると

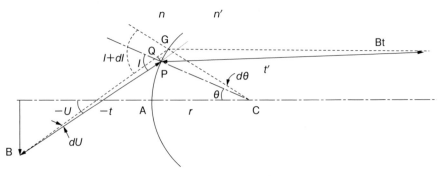

図1 非点収差の計算
メリディオナル面内での光線収束位置

$$\frac{nd(\sin I)}{dI}dI = \frac{nd(\sin I')}{dI'}dI' \quad \rightarrow \quad n\cos I dI = n'\cos I' dI' \qquad (5)$$

(5)式に(3)(4)式を代入して整理すれば、

$$\frac{n'\cos^2 I'}{t'} - \frac{n\cos^2 I}{t} = \frac{n'\cos I' - n\cos I}{r} \qquad (6)$$

という式によりメリディオナル面内での軸外主光線上の焦点位置とでも呼べる、M像面の収束位置 t' が計算できます。軸外ではなく軸上で考えれば $I = I' = 0$ となり、お馴染みのレンズメーカーの式となります。

次にサジタル面内の収束位置について導出してみましょう。図3はメリディオナル面内の図です。図1と同じBから発する主光線が描かれています。この主光線のサジタル面内の近傍に存在する1対の2本の光線を考えます。正弦法則を導いたのと同じ状態です。するとその時と同様にこれら2本の光線は、BCを結ぶ副光軸上で主光線と共に交わります。この位置をBsとしましょう。

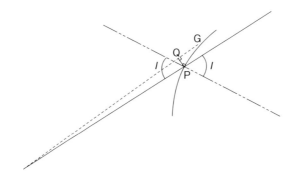

図2 図1中央部の拡大図

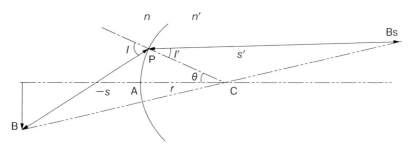

図3 サジタル面内の光線収束位置

第7章 非点収差と像面湾曲

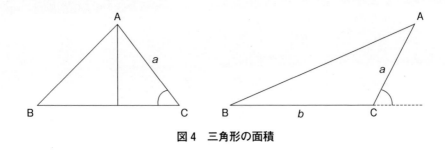

図4 三角形の面積

さて、ここで少し話は変わるのですが、図4のように任意の三角形 ABC の面積 △ABC は

$$\triangle \mathrm{ABC} = \frac{ab}{2} \sin(\angle C) \qquad (7)$$

と計算できます。そこで、図2から

$$\triangle \mathrm{BPBs} = \triangle \mathrm{BPC} + \triangle \mathrm{PCBs} \qquad (8)$$

であることがわかりますので、(7)式のやり方で(8)式を計算すれば、

$$-\frac{ss'}{2}\sin(I-I') = -\frac{sr}{2}\sin I + \frac{s'r}{2}\sin I'$$

$$ss'(\sin I \cos I' - \cos I \sin I') = sr \sin I - s'r \sin I'$$

辺々に $n'/(ss'r)$ を乗じて

$$n' \frac{(\sin I \cos I' - \cos I \sin I')}{r} = \frac{n' \sin I}{s'} - \frac{n' \sin I'}{s}$$

となります。スネルの屈折則から $n \sin I = n' \sin I'$ なので上式から sin が消えて、

$$\frac{n'}{s'} - \frac{n}{s} = \frac{n' \cos I' - n \cos I}{r} \qquad (9)$$

という、サジタル像面収束位置 s' を計算できる公式が得られます。これら(6)(9)の式はコディントンの方程式（Coddington equation）と呼ばれています。これら2式の右辺は同じです。左辺の2項に cos の2乗が掛けられているところのみ異なり、同じ主光線について考えれば $t=s$ なので、t' と s' は一般的には一致しないことがわかります。このズレが非点収差です。

7-4 アプラナティズムと非点収差

前項のメリディオナル、サジタルの光線収束位置を表す式からさらにわかることがあります。非点収差とアプラナティックな条件（5-4項）の関係について考えてみますと、ここで重要な制限が入りますが、物点B上、物体の大きさが光軸からの距離にして十分に小さい範囲にあると考えますと、i) PA＝0の場合ですが、

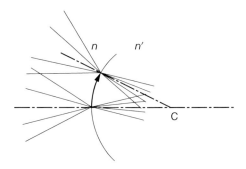

図1　面頂点に物体と像がある場合

既述したように結像が起こるためには面頂点に物体と像が存在せねばなりません。すると図1に示したように曲率中心Cを中心に図を回転させてやれば軸上の場合と、軸外の場合で光学系と光線の回転対称な位置関係は全く同じ状況になります。従って非点収差も発生しません。回転に際し微小な物体が円弧状になりますが、像面湾曲についてはここでは考慮していないので無視します。

それではiii)、物体、像がアプラナティックな位置にある場合にはどうでしょうか？ 図2をご覧ください。この条件では $Q=Q'$、$L'n'=Ln$ の関係成立を要請しますので

$$L'\sin U' = L\sin U, \qquad n\sin U' = n'\sin U \qquad (10)$$

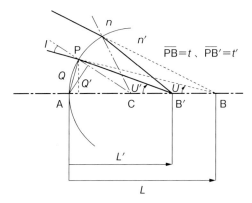

画角が非常に小さければ物体と像はともに円弧と考えられる。

図2　アプラナティックな位置に物体と像がある場合

また図から明らかに、

$$t' \sin U' = t \sin U \quad (11)$$

(10)(11)式を辺々乗じれば $nt' \sin^2 U' = n't \sin^2 U$、よって

$$nt'(1-\cos^2 U') = n't(1-\cos^2 U)$$

このアプラナティクな条件においては $U=I'$, $U'=I$ なので上式を整理して

$$\frac{n'}{t'} - \frac{n}{t} = \frac{n'\cos^2 I'}{t'} - \frac{n\cos^2 I}{t} \quad (12)$$

という関係が得られます。従って前項の(8)(9)式は一致します。実はこの検討は軸上の結像についてなのですが、ここでも上記の場合と同様にCを中心に全体を回転してやれば、BとB′が弧を描き軸外像についても同様の結論が得られることがおわかり頂けると思います。Bの光軸からの高さ、物体高が十分小さければ、非点収差の検討と考えて差し支えないでしょう。この場合にも、この屈折面においては球面収差、光軸近傍のコマ収差、非点収差が存在しないことになります。これは重要な結論です。

さてアプラナティク条件、ii）物体が屈折面の曲率中心にある場合はどうでしょうか？ 今度は**図3**のような状態になります。曲率中心に物体があると像もそこにできることになります。今度は回転する訳にもいかないので(12)式の関係が成立しないことがわかります。つまりこの場合には非点収差が発生してしまいます。

これとは見た目は似ていますが、対照的に絞りが球の中心にあるような回転対称的な（コンセントリックな）光学系においては光束が回転対称になりサジタル、メリジオナルの違いがなくなりますので非点収差は全く発生しません（**図4**）。また、同様の理由でコマ収差も発生しません。ただこの場合にはアプラナティクな条件を満たしていませんので球面収差は保証の範囲外です。

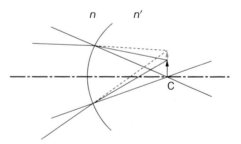

図3　曲率中心に物体と像がある場合

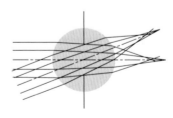

図4　コンセントリックな光学系

7-5　像面湾曲とペッツバール和

　光学系から、像面までの距離が画面内のどの位置においても一定であれば、像は球表面の様な形状になってしまいます。実際のフィルムや撮像素子、あるいは投影スクリーンは多くの場合は平面状であり、このような像面の曲がりは不都合です。この曲がりを**像面湾曲**（field curvature）と言います。画面中心ではピントが合っているのに周辺ではボケている、というような状況が出てきます。非点収差が光学系に残存していればサジタル、メリディオナル両像面が別々に曲がっている現象が像面湾曲となります。レンズ設計により曲率、レンズ厚、間隔、ガラスの種類などを変化させればこれら像面の形も変化します。その際、S、M像面は曲がりやすさが異なりますので、追い込んで非点収差を0にすることは可能で、どこかの位置でS、M像面は一致することになります。しかし、その一致した像面は大きな像面湾曲収差を持っている可能性があります。この曲がっている像面の曲率についての指標を与えるのが**ペッツバール**（Petzval）**和**です。

　図1をご覧ください。一つの球面（半径 r）による結像を考えます。曲率中心はCで、面前後の界の屈折率は n、n' です。まず軸上に物点Oを置き、その像をO'とします。そしてOを含み曲率半径Rの物体面を設定し、その上に円弧OBを考えます。同様に共役像として曲率半径R'の像面上に円弧O'B'を考えます。そして、ここで、Cを中心にO、O'を図のように回転させます。すると全くO、O'と同じ結像関係（回転対称なので）のA、A'という物点、像点が得られます。BCを結ぶ直線上にAがあるように回転角度を決めます。ACA'

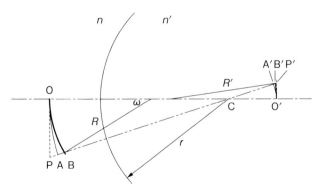

図1　ペッツバール和の導出

を通る直線は副光軸です。また、サジタルのコマ収差を考えた場合と同様に像面湾曲以外の収差がなければB′もこの副光軸上に存在します。そしてO、O′にてそれぞれ光軸に直交する直線が副光軸と交わる点を、P、P′とし、AからC、CからA′までの距離をそれぞれ、ρ、ρ'としましょう。AとA′、BとB′は互いに共役関係にあります。従って、副光軸上で、以下の縦収差の関係が成立します。

$$\frac{\overline{A'B'}}{\overline{AB}} = \alpha' = \frac{n'}{n}\left(\frac{y'}{y}\right)^2 \quad (1)$$

ここでは物体高、像高をそれぞれy、y′と見なしています。また、

$$\overline{AB} = \overline{PB} - \overline{PA}, \qquad \overline{A'B'} = \overline{P'B'} - \overline{P'A'}$$

となります。副光軸に沿って左から右に測る方向をプラスとしています。さらに角度ωがあまり大きくないとして、$\overline{PB} \cong (R^2+y^2)^{\frac{1}{2}} - R$とできます。この時の近似の誤差については**図2**(a)(b)に示されています。図2における本来異なる点であるPとP₀を同一点とみなし、yとy₀を等しい長さとみなしています。さらに2次近似式、$(1\pm\alpha)^m = 1\pm m\alpha$を用いて、

$$\overline{PB} \approx \frac{y^2}{2R}, \qquad \overline{PA} \approx \frac{y^2}{2\rho}$$

とできます。像界についても全く同様に考えられて、

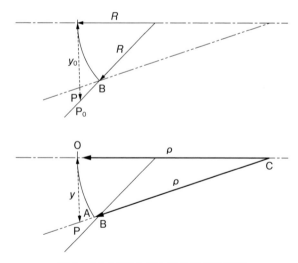

図2 (a)(b)図1における近似の検討

$$\overline{AB} = \frac{y^2}{2R} - \frac{y^2}{2\rho}, \qquad \overline{A'B'} = \frac{y'^2}{2R'} - \frac{y'^2}{2\rho'}$$

となります。CからA、CからA′の距離をそれぞれρ、ρ′とおきました。R、ρ、rなどの曲率半径は曲率中心から面に向かい左に測る場合をプラス、右に測る場合をマイナスとしています。従って、像面がマイナスということはレンズ側に曲がっている球表面を表しています。これらの式を(1)式左辺にそのまま代入して整理していくと、以下の関係が得られます。

$$\frac{n}{R'} - \frac{n'}{R} = \frac{n}{\rho'} - \frac{n'}{t} \qquad (2)$$

ここで、3-3項(10)式から、$\dfrac{n'}{b} = \dfrac{n}{a} + \dfrac{n'-n}{r}$

図からわかる通り、$\dfrac{n'}{r-\rho'} - \dfrac{n}{r-\rho} = \dfrac{n'-n}{r}$

$$n'(r-\rho)r - n(r-\rho')r = (r-\rho)(r-\rho')(n'-n)$$

この式を単純に計算し整理していくと

$$\frac{n}{\rho'} - \frac{n'}{\rho} = -\frac{n'-n}{r}$$

(2)式から

$$\frac{n}{R'} - \frac{n'}{R} = -\frac{n'-n}{r} \qquad (3)$$

よって

$$\frac{1}{n'R'} - \frac{1}{nR} = -\frac{n'-n}{nn'r} = -\frac{\phi}{nn'} \qquad (4a)$$

あるいは、

$$\frac{1}{nR} - \frac{1}{n'R'} = -\frac{1}{r}\left(\frac{1}{n'} - \frac{1}{n}\right) \qquad (4b)$$

というペッツバールの法則と呼ばれる重要な関係が得られます。

7-6　ペッツバール和の重要性

　ペッツバール和のどこが重要かと言いますと、物体面の曲率半径がわかれば、その位置に関係なく、像面の曲率半径が直ちに求められてしまうところです。計算にあと必要なのは面前後の屈折率と面の屈折力 ϕ、あるいは屈折面の曲率半径だけなのです。もし屈折面が光軸上に多数連続している時でも、像面の曲率半径のみ、その次の面の(4)式の物体面の曲率として計算に引き継げばよいことになり、光学系通過後の像面の曲率が非常に簡単に求められます。k 面が連続している場合には(4)式を合算すればよく、左辺の合算の際、$n'_i R'_i = n_{i+1} R_{i+1}$ となり、中間の面の項の打ち消し合いが起こり、以下の結果となります。

$$\frac{1}{n_0 R_0} - \frac{1}{n'_k R'_k} = \sum \frac{\phi}{nn'} \quad (5a) \qquad \frac{1}{n_0 R_0} - \frac{1}{n'_k R'_k} = -\sum \frac{1}{r}\left(\frac{1}{n'} - \frac{1}{n}\right) \quad (5b)$$

一般的な物体面が平面で場合には $R_0 = \infty$ なので、また像が空気中にあれば(5)式は、

$$\frac{1}{R'_k} = -\sum \frac{\phi}{nn'} \quad (6)$$

として表されます。右辺で総和される量をペッツバール和と呼びます。左辺の曲率で表される像面をペッツバール像面と呼びます。ペッツバール和が 0 になる時、ペッツバール像面が平面になり、そう大きくない角度 ω の範囲内の画面には像面湾曲収差が存在しないことになります。光学設計をする際には少なくとも、この値を小さくすることは必須となります。それが各面のパワーとガラスの屈折率で決まってしまうということです。

　薄肉系が配置されていると考えると単独の薄いレンズについては、それが空気中にあり、2つの面のそれぞれのペッツバール和は ϕ_1/n、ϕ_2/n となります。そして、これら二つの面の間隔は限りなく 0 ですから薄肉系全体ではペッツバール和は ϕ をその屈折力として

$$\mathrm{Ptz} = \frac{\phi_1}{n} + \frac{\phi_2}{n} = \frac{\phi}{n}$$

とできます。つまり k 個の薄肉系よりなる光学系のペッツバール和に対しては像面平坦の条件は

$$\sum \frac{\phi_i}{n_i} = 0 \quad (7)$$

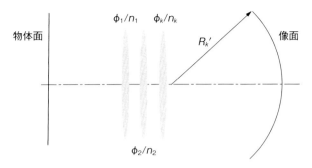

図1 薄肉系の像面湾曲とペッツバール半径

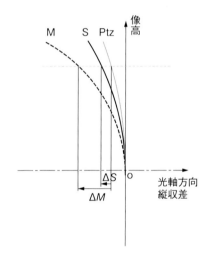

図2 ペッツバール像面、メリディオナル像面、サジタル像面、像面湾曲、非点収差図

像高がそう高くないところでは$\Delta S : \Delta M = 1 : 2$となるように各像面が動く。

と非常にわかりやすい結果となります（**図1**）。非点収差が存在する場合には、メリディオナル像面もサジタル像面もペッツバール和により示される像面より乖離していくことになりますが（**図2**）、非点収差も本来は極力減少させるべきものであり、ペッツバール和のコントロールは光学設計において重要な要素となります。

7-7　ペッツバール和を小さくできるレンズ　1

　ペッツバール和はいかにして小さくできるのか、ここから検討していきましょう。最初に単レンズについて考えます。両面の曲率が同じ向きで（同じ方向を向いた両面を持つレンズをメニスカスレンズと呼びます）曲率半径も同じであれば、前項(6)式から明らかなように、その単レンズにおいてペッツバール和は0です。レンズのパワー・屈折力は面間隔にも依存して発生するので、結像に寄与することもできることになります（図1）。画角の大きなレンズにはこうした近い曲率半径を持った比較的厚いレンズがよく用いられています。さらにこの図1のレンズの後部凹面の曲率半径を小さくして負のパワーを若干強めてもレンズ全体では正のパワーを維持することができます。この時、正のパワーのレンズが負のペッツバール和をもたらすことになります。後述のコンピュータ任せの最適化においてどんどんレンズが厚くなる場合がよくありますが、背景にこうした理屈があります。

　また、光学系全体の焦点距離、屈折力に対する各、屈折面の寄与について考えてみましょう。レンズ全系のパワー（焦点距離の逆数）は

$$\varphi = \varphi_1 h_1 + \varphi_2 h_2 + \cdots + \varphi_k h_k \quad (1)$$

として各面のパワー、入射した光線の通過高さの積の和として表せました。h は光軸に平行に、高さ1で光学系に入射し、レンズ各面を光線が通過する入射点の光軸から垂直に測った距離、高さです。各面における光線通過高さとパワー（焦点距離 f'_k の逆数です）の積の和によって全系のパワーが決まることになります。レンズの各面を非常に薄い独立したレンズと考えれば、(1)式はそれらのレンズにおける h と $1/f$ により、全体の焦点距離が決まることを表していると考えることもできます。

　こうしたことからさらに、別の手法も考えられます。ペッツバール和において、屈折率は常に正なので屈折面には負のパワーのものが必要なことは明らかです。しかし、負のパワーの打ち消しに簡単に期待すると、(2)式の全体のパワーも負

図1　前後同曲率の厚いレンズによる像面の平坦化

のパワーに影響されて弱くなり、さらなる正のパワーを必要とし、またペッツバール和も増加していくという悪循環に陥りかねません。そこで、(1)式において、それぞれのパワーに光線の通過高さが掛かっていることに注目すると、このhを小さくすれば、その面の負のパワーを大きくしても、全体の正パワーバランスに与える影響を大きくせずに済むことがわかるのです（実は図1の厚いレンズにもこの仕掛けが生きています）。このためには正、負パワー間に間隔を設けて一旦、光線を低くすることが上手い手法となります。

　この様な条件を満たし登場したのが図2にあるトリプレットレンズです。中央の凹レンズにおいて光線は前レンズとの間隔をとって低い位置を通過するようになっています。同様の考え方は図3、テッサーレンズ、図4、ダブルガウスタイプのレンズにも生かされています。また、5-6項で触れさせて頂いたように、この構造は球面収差の補正にも大いに役立っています。

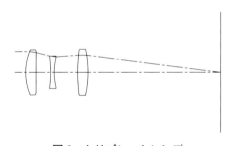

図2　トリプレットレンズ

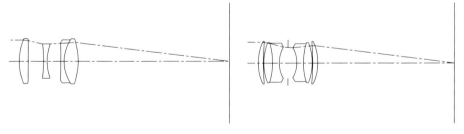

図3　テッサーレンズ　　　　　**図4　ダブルガウスタイプレンズ**

7-8　ペッツバール和を小さくできるレンズ　2

さらにペッツバール和を小さくして像面を平坦にする手法について考えてみましょう。

同じ焦点距離を決める光線のhが低いところに屈折面を置くのであれば、焦点付近に配置する方法がまだ残っています。自然と焦点（像面）付近の面では前項(1)式におけるhは低くなり、そこに凹レンズを入れても正のパワー減衰のダメージは受けにくくなります。また後述になってしまいますが、こうしたhが低い面では球面収差もコマ収差も発生しにくくなります。レンズ位置そのものは前項(1)式においては無関係ですので、**像面平坦化レンズ**として負のレンズが有効に働きます（**図1**）。

またこれとは逆に、光束の方向をその後に続くレンズに導く（瞳のマッチング）ためのフィールドレンズ（Field Lens）は正のレンズで、空中像の付近に配置されます（**図2**）。確かにパワー、球面収差等への影響は少ないのですがペッツバール和は大きくなり像面湾曲は大きくなることに注意が必要になります。

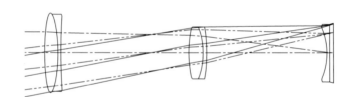

図1　最後尾の像面平坦化レンズ
そこでは軸上光束のhが非常に低くなっている。

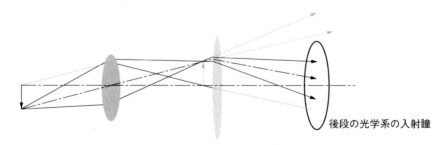

後段の光学系の入射瞳

図2　フィールドレンズによる瞳のマッチング

7-8 ペッツバール和を小さくできるレンズ 2

　ペッツバール和を小さくするため、一番直感的にわかりやすい方法は硝子の適切な選択です。7-6 項(6)(7)式から直ちにわかるように、あるレンズが一定の屈折力を全体に寄与する場合でもそこでのガラスの屈折率 n が高い方がペッツバール和は小さくなります。全体が正のパワーを持っていてペッツバール和が正の値であれば、正レンズの媒質の屈折率が高いことが望まれます。あるいは負のレンズに屈折率の低いガラスを用いるのも手です。分かりやすい 1 例として図 3 のダブレットを挙げます。5-6 項、図 3 のダブレット（旧型ダブレット）とは見た目は似ていますが、硝子の用い方が逆になっています。**図 3**（新型ダブレット）では凸レンズに屈折率の高い硝子、それに比べ屈折率の低い硝子が凹レンズに用いられています。7-6 項(6)(7)式から明らかにペッツバール和的には、つまり画角が大きい場合の像面湾曲補正的には有利になっていることがわかります。凹レンズの屈折率の高い旧型ダブレットではペッツバール和補正には不利になります。ただ、色収差の補正（9-3 項）も考えますと、凸レンズには高屈折率の比較的低分散な硝子が必要になり、新種硝子が発明されるまでは新型は実現できなかったのです。また、新型では貼り合わせ面は正のパワーを持ってしまいますので球面収差の補正力は不足することになります。

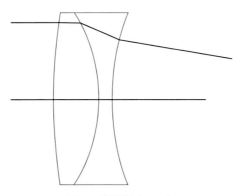

図 3　新型ダブレット

7-9 ペッツバールレンズ

前述のペッツバール和に名を冠するペッツバールはその名をレンズタイプにも残しています。それは図1にあります。1841年に設計されました。基本的には色消しダブレットレンズを二つ、距離を離して並べています。近軸的に全体のパワーをϕ（$=1/f'$）としたとき、ダブレットレンズを薄肉系で考えそれぞれのパワーをϕ_1, ϕ_2とすれば、通過高さを$h_1=1$, h_2と置いて

$$\phi = \phi_1 + h_2 \phi_2 \quad (1)$$

となるので、目標のϕに対して小さいパワーのϕ_1（焦点距離は長くなる）を設定することができます。すると前群のFナンバーを保てば大きな口径を最初のレンズに確保することができます。全体の焦点距離を不変とすれば、入り口の口径が大きくなり、Fナンバーが小さくなり明るくなります。

また中央の間隔を大きく開けることによりh_2が下がります。ということは(1)式にあるように確かに全体のパワーが小さくなりますが、h_2の高次項が効き、ϕより強くh_2の影響を受ける球面収差が減少する効果の方が大きくなります。従って、後群のパワーを上げて前群のパワーを分担する際の球面収差の悪化が抑えられ大口径比化にさらに有利になります。

それでは、なぜこのレンズは単に同じダブレットを背中合わせで用いる形から、かなり変化しているのでしょうか？上述のメリットはタンデム型でも同じなはずです。このような非対称性の導入に対する考察は、実は光学設計においては非常に意味のあるものです。問題がなければ対称性の高い方がよいに決まっているわけですから（図2）。

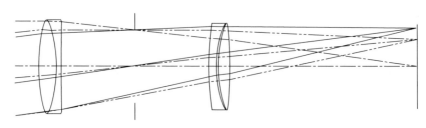

図1　ペッツバールレンズ

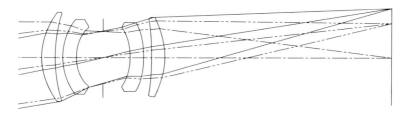

図2　対称性の高いレンズタイプ

　まず、対称光学系についての10-1項でこれから考えますが、完全対称型では遠距離撮影時、歪曲収差が除去できない、という訳もありますが、それにも増して以下の理由が大きいのです。このレンズの大事な仕様、大口径比を実現するにあたり、球面収差が一気に増大します。この補正のため対称性にメリットのある収差の補正を犠牲にして後群も球面収差補正に参加させることが必要になります。

　それでは対称性をなるべく保ったまま球面収差は補正できないのでしょうか？軸外光束は絞りを挟んで対照的に推移します。上光線は前群で比較的上部を通過し、下光線は下部を通過します。後群ではこれと上下の位置関係はが逆転するので絞りを挟んでのレンズの回転対称性は**収差の打ち消し合い**に都合がよいことになります。ところが、球面収差は後群でかなりくびれた光束となるので、前後のレンズ群で状況が異なり、形状もそれに対応して非対称になっていく必要があるわけです。

7-10 ペッツバールレンズの利点

　ペッツバールレンズにもう少しレンズ枚数を増やせれば担当を分担して対称性、非対称性の収差を双方補正できる光学系が設計できます。しかし、レンズ枚数が少ないことは、それはそれで利点なのです。コストは当然抑えられます。そして何よりガラスと空気の境界面における不要な光の反射を抑えられます。面に垂直に入射した光でもその4％程度はどこかに反射し迷光となります（**図1**）。現代ではこの反射を抑えるためにコーティングという技術がありますが（**図2**）、それでも面は少ないに越したことはありません。またガラスも完全に100％の光を通すわけではないのです。（因みに現代のズームレンズなどは非常に多くのレンズによって構成されていますが最先端のコーティング技術ぬきには成立しません。）

　そしてこのペッツバールレンズには、良くない意味での、特筆すべき性質もあります。ペッツバール和が大きいのです。7-7項にあるように、負のパワーの面はペッツバール像面平坦化のためには必要なのですが、空気層と隣り合わせの、はっきりとした負の面は第3レンズにしかありません。しかもその面の背後には打ち消すように強い正の面があります。前群の凹レンズは球面収差補正のため当時の高屈折率ガラスも使用しています。また、屈折率の高い分散の小さなガラス

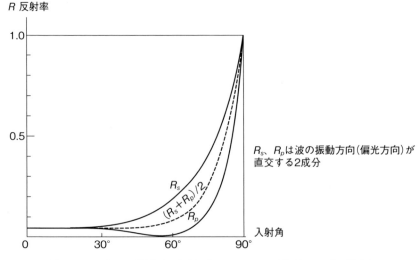

図1　フレネル反射強度（屈折率1から1.5の媒質に入射の場合）

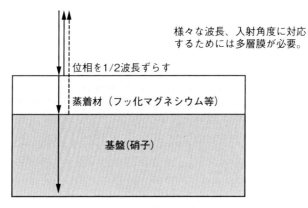

図2　単層反射防止膜の概念

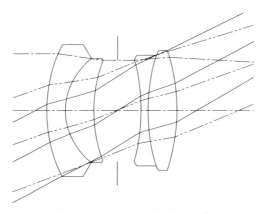

図3　プロータレンズ（Protar）

も当時はなかったので大きなペッツバール和が残ってしまいました。ただ、画面の中心付近の画像は綺麗だったのでこのレンズは決定的な名声を得ます。何しろ写真ができたのが1839年頃と言われていて、その頃の肖像用レンズは明るさF15前後と言われています。コンピュータのない時代に早々と1841年に上記レンズはF3.6を実現しました。光量にすると20倍近い明るさです。それまでは肖像写真を撮影するのに30分程度はじっとしていることが必要であったと聞きます。それが1、2分ですむわけです。

　ペッツバール和が小さくできず像面湾曲が大きいということは、例えばM像面を平らにすればS像面は大きく前に湾曲します。ペッツバールによる設計もそのような補正になっていたようです。そうすると周辺ではサジタル方向のボケが

第7章　非点収差と像面湾曲

顕著になり画面内同心円方向（7-1項図5をご参照ください。）にボケの連鎖ができ、丸い流れのような構造が目立ってきます。意図されていたかどうかわかりませんが、これもペッツバールレンズの中央の人物像を引きき立たせる効果として、むしろ好まれています。

　時代は下りルドルフによるプロータ（**図3**）が1889年に生まれた新しいガラスを使って像面湾曲、非点収差の問題を改善しました。このレンズでは前群に旧型ダブレット（5-6項）、後群に新型ダブレット（7-8項）を配して球面収差と像面湾曲のバランスを取っています。また絞りを挟んでの形状の対称性も残っている画期的なレンズでした。

第8章

歪曲収差と射影関係

8-1　歪曲収差

　像面湾曲とは点像があるべき平面内から、光軸方向にずれて形成されてしまうことでした。これとは異なり光軸方向ではなく像平面内でずれてしまう、言わば横にずれてしまう収差を**歪曲収差**（distortion）と呼びます。点像としては正確に再現される訳ですが、位置に誤差が生じます。

　理想的な光学系を示唆する近軸理論では、前側主点に入射した光線は同じ角度で後ろ側主点から射出することになります。平面上に像を形成すると決めれば、後ろ側主点から出た光線の角度を θ' とすれば、**図1**のごとくに光線到達位置 y' は

$$y' = f' \cdot \tan \theta'$$

となることは如何なる場合にも明らかです。従って被写体である原稿も平面であれば、前側主点への入射角度を θ とすれば

$$\theta = \theta'$$

となり、

$$y' = f' \cdot \tan \theta$$

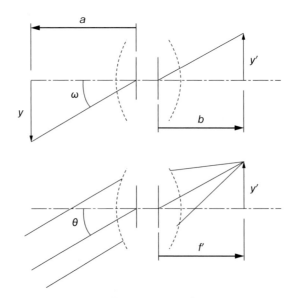

図1　歪みのない射影関係、中心射影　$y'=f' \tan \theta$

の関係が、歪みのない画像再現のために必要です。このように歪曲収差は主点への入射角度と射出角度が異なることにより起こります。また、歪曲収差の表示は上式で表される理想像点位置 y からの実際の主光線到達位置とのズレを％で表すことにより行われます。図示も可能です。

歪曲収差の傾向は大きく分けて二つの種類があります。光軸位置から離れるに従い像が小さくなっていく負の歪曲収差と、これとは逆に大きくなっていく正の歪曲収差とがあります。前者は樽型、糸巻き型と呼ばれます（**図2**）。またこれらの要素が組み合わさり、複雑な歪曲収差特性を持っている光学系も存在します。

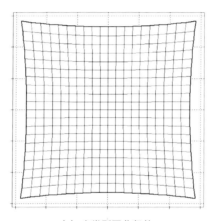

(a) 糸巻型歪曲収差

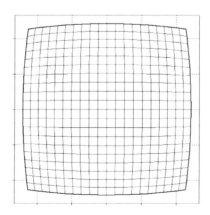

(b) 樽型歪曲収差

図2　糸巻型歪曲収差(a)と樽型歪曲収差(b)

8-2 射影関係

前節の光線の入射角度と像の高さの関係を表す式、

$$y' = f' \cdot \tan \theta \quad (1)$$

は通常の平面対平面の歪みない結像のために必要な関係式でした。こうした関係を**射影関係**と呼びます。(1)式の関係は中心射影と呼ばれます。歪曲収差が意図的な関数に則って発生する場合、その関数は射影関係と呼ばれると考えてもよいかもしれません。歪曲収差が生起すれば中心射影の射影関係が崩れてしまうのですが、例えば歪曲収差を積極的に発生させコントロールして、

$$y' = f' \cdot \theta \quad (2)$$

のような射影関係を実現したらどうでしょうか？入射角度θに比例して像の位置が変化していくことになります（**図1**）。鏡などを振って光学系に情報を入力すると、その角度ごとに等間隔で情報が像面上に整列します。これはプリンタなどに用いるのには非常に有用な性質です。

また魚眼レンズと称される光学系のように180度近い角度で画像を取り込みたい場合に、(1)式の関係では像面は無限に大きなものになってしまいます（**図2**）。この場合には、(2)式も含めて、

$$y' = f' \cdot \sin \theta \quad (3)、\quad y' = 2f' \cdot \tan \theta/2 \quad (4)、$$
$$y' = 2f' \cdot \sin \theta/2 \quad (5)$$

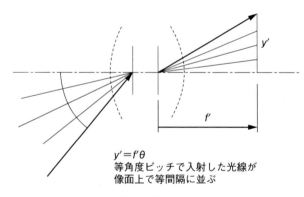

$y' = f'\theta$
等角度ピッチで入射した光線が像面上で等間隔に並ぶ

図1　$f\theta$レンズ

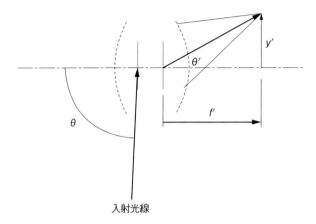

図2　魚眼レンズの射影関係

$y'=f'\tan\theta$ の射影関係では θ が 90 度近くなると平面内に像が収まらない。$\theta \neq \theta'$ になる必要がある。

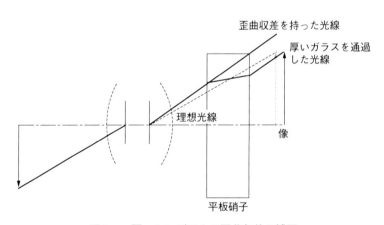

図3　厚いレンズによる歪曲収差の補正

などの適当な射影関係で像を所望の範囲に納める必要があります。(2)式は既述のように角度と像位置が比例して等距離射影、(3)式は画面上の照度が均一になる正射影、(5)式は天空に張る立体角に比例した面積の像ができる等立体角射影、(4)式は立体射影と呼ばれます。

　何れにしても所望の射影関係を得るためには、中心射影を基準として見た場合の歪曲収差が大切な道具となる訳です。また近軸理論的に考えれば

$\sin\theta \to \theta$、　　$\tan\theta \to \theta$

ですから、上式(1)から(5)式まで全て

$y' = f' \cdot \theta$

となり、近軸的には等価です。

　また歪曲収差を除去して中心射影を実現するためには絞りを挟んだ光学系配置の対称性が有効ですが、厚い硝子（7-7項）にも補正の力があります（**図3**）。

第 9 章

色収差

第9章　色収差

9-1　光の波長について

　ここで幾何光学からいきなり波動の話を持ち出して恐縮ですが、ここで波長というものについて少し説明させていただきます。1-5項で述べたように、光は本来、波であります。従って波長があります。波というものは、場が周期的に振動してエネルギーが伝播していくことなので、その性質を語るうえで、周期、振動数、波長という量が必要となります。正弦波のような波の形の振動が繰り返されて波が進行していく訳ですが、その基本となる波の形一個分の長さを波長と言います（**図1**）。図1は光もその仲間に含まれる電磁波の進行を表していて、電場の強さが方向性を持って（縦軸方向）変化して進行（横軸方向）している様子を表しています（水の波のように、ものが動いているのではありません。むしろ重力に近い力が変化していると考えたほうがわかりやすいかもしれません。）。単位時間当たりに何回1波長分が繰り返されるかは振動数 f として表されます。従って光の速度を v、波長を λ とすれば

$$v = f\lambda \quad (1)$$

という関係になります。同一媒質中では光速は波長によって変化しないので、波長が異なる光は振動数が異なります。人間には、異なる振動数で光るもの、あるいは異なる振動数の光で照明された被写体からは異なる色を感じる能力があります。振動数の違いにより人間の受ける刺激が異なり、異なる色感を生みます。

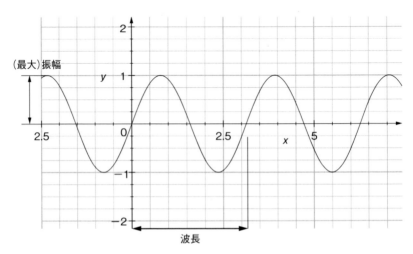

図1　基本的な波動、正弦波そしてその波長

9-1 光の波長について

　人間が光を感じることのできる波長領域、可視領域は一般的に、380 mm (0.00038 mm) から 700 nm 程度と言われています。この範囲からより短い波長領域の光を紫外線、長い方を赤外線と呼びます（でありますから赤外線は決して赤くは見えません）。

　光学機器を作る際にも、自然を写し取るためには、正しい色再現、形状再現を目指して、これらの我々の感じる波長域における光学系のパフォーマンスをコントロールしなければなりません。そのために光学設計では可視域において幾つかの代表的な波長により、光学系の評価を行うことになります。それらの結果を総合的に高める努力が必要になります。幾つかのサンプル波長をもってして画像のデジタル的な色合成も可能です。これら単色の色刺激を 3 色以上混ぜて白色を含むある程度の範囲の様々な色彩が表現され得ます。

　この可視領域においても重要な波長と、そうでもない波長域があります。当然人間の感じやすさ、感度の違いがあって、サンプルデータを基に標準比視感度というのが決められています（図 2）。緑（555 nm）のあたりの波長が一番高いことがわかります。光学設計は必ずしも人間に見える特定の波長範囲で行われる訳ではありません。機械が画像を処理し、機械が判断するケースなどもあり、様々な使用用途に応じて短波長側の紫外域から超波長側の赤外域まで、広い領域が守備範囲となります。一般的な光学ガラスなどのレンズの材料は波長が 400 nm 以下になったり、逆に波長が非常に長くなったりすると急激に光の透過率が低下する可能性が硝子によってはありますので、材料の選択に注意が必要です。

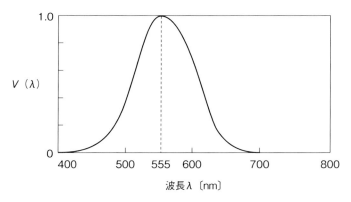

図 2　標準比視感度

9-2 分散とアッベ数

　色収差とは、一般的に、レンズを通過する光線の波長の違いにより、レンズの媒質の屈折率が異なり、それぞれの波長による像面上収束点が一致しないことを言い、画像の乱れを引き起こします。スネル屈折則において屈折率は直接的な影響を持ちますので当然のことです。さらに、スネル屈折則を $n\theta=n'\theta'$ と近似する近軸領域でもその影響は同様であって、色収差は、焦点距離計算などにおける、光線追跡計算の一次近似の領域においても存在し、ある意味では、最も基本的かつ構造的な収差であると考えられます。(勿論、高次の領域においても存在します。) ここでは、この近軸領域における焦点距離が変化してしまう**色収差**について、そして重要な係数、**アッベ（Abbe）数**について解説します。

　写真レンズなど、人間の可視域の波長を問題にするときには一般的に設計中心波長は d 線（587.56 nm）に置きますが、色収差は、可視域の比較的両端近くにある C 線（656.27 nm）と F 線（486.13 nm）の結像の差として定義されます。焦点距離の収差として考えればこの2波長による焦点距離の違いが色収差です。この色収差量を導いてみましょう。

　図1のように諸元を決めます。近軸理論の式から、曲率半径 r の面と平面の2面で構成された非常に薄いレンズ（$d=0$）を考えると焦点距離 f を用いて

$$\frac{1}{f}=\alpha'_2=\frac{n-1}{r}+\frac{1-n}{\infty}$$

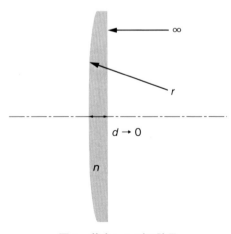

図1　薄肉レンズの諸元

となりますのでレンズメーカーの式から、C 線、F 線についてそれぞれ、

$$\frac{1}{b_C} = \frac{1}{a_C} + \frac{n_C - 1}{r}, \quad \frac{1}{b_F} = \frac{1}{a_F} + \frac{n_F - 1}{r}$$

これらの式の辺々を引いて整理すると

$$\frac{b_C - b_F}{b_c b_F} - \frac{a_C - a_F}{a_C a_F} = \frac{n_F - n_C}{r}$$

となります。ここで、左辺分母は分子に比べ非常に大きいのでそれぞれ b^2、a^2 と近似してしまいさらに、設計主波長 d 線の焦点距離、

$$f = \frac{r}{n_d - 1}$$

を導入しますと

$$\frac{b_C - b_F}{b^2} - \frac{a_C - a_F}{a^2} = \frac{1}{f} \frac{n_F - n_C}{n_d - 1} \quad (1)$$

さらにアッベ数、 $\quad \nu = \dfrac{n_d - 1}{n_F - n_C}$

を用い、色収差を $\delta_b = b_F - b_c$ 等と表現し、

$$\frac{\delta b}{b^2} - \frac{\delta a}{a^2} = -\frac{1}{f\nu} \quad (2)$$

と整理できます。(2)式辺々に y^2（薄肉系への入射高さ y を用い）を乗じれば(2)式は、

$$\delta b \frac{y^2}{b^2} - \delta a \frac{y^2}{a^2} = -\frac{y^2}{f\nu} \quad \rightarrow \quad \delta b u'^2 - \delta a u^2 = -\frac{y^2}{f\nu}$$

とできます。ここで、k 個の薄肉系（厚さ 0 と見なせる極薄いレンズ）よりなる系を考えれば、$u'_i = u_{i+1}$ となり合成の際、打ち消し合いが起きて

$$\delta b_k u'^2_k - \delta a_1 u_1^2 = -\sum \frac{y^2}{f\nu} \quad \rightarrow \quad \delta b_k = \delta a_1 \frac{u_1^2}{u'^2_k} - \frac{1}{u'^2_k} \sum \frac{y^2}{f\nu} \quad (3)$$

と合算することによって全体の色収差を得ることができます。

ν は重要な量でアッベ数、$1/\nu$ を分散と呼びます。単レンズ単独であれば入射光における色収差は存在せず $\delta a = 0$ なので(2)式によって焦点距離の色収差は

$$\delta b = -\frac{b^2}{f\nu} \quad (4)$$

となります。物体が無限遠の場合には(4)式は

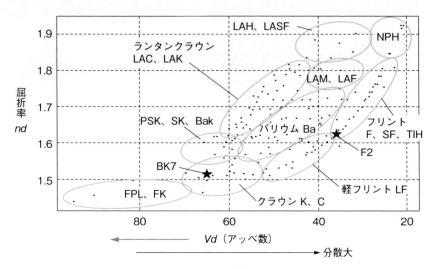

図2 硝子分布図 硝子 nd-νd 図

$$\delta b = -\frac{f}{\nu} \quad (5)$$

というシンプルな形になります。この場合、色収差は分散と焦点距離に比例して増大することがわかります。分散とアッベ数は逆数の関係にありますので、アッベ数が大きい時、色収差は減少します。一般的な硝子の屈折率(縦軸)とアッベ数(横軸)に対応する硝子の分布図を**図2**に示します。アッベ数が大きい時、分散は小さいので、アッベ数は左の方に向かい増大します。図中のガラスのグループ分けは筆者によります。大まかで恐縮なのですが、だいたいこのような感じで硝子分布を把み役割を考えています。

9-3　2枚のレンズによる色消し

　薄肉レンズを2枚、密着させた場合の色収差について考えましょう。(1)式からそれぞれのレンズ（添字1、2で表します）について以下の関係が成り立ちます。距離0で密着しているわけですから第1レンズのbと第2レンズのaが一致します。

$$\frac{b_{1C}-b_{1F}}{b_1^2}-\frac{a_{1C}-a_{1F}}{a_1^2}=\frac{1}{f_1}\frac{n_{1F}-n_{1C}}{n_{1d}-1}$$

$$\frac{b_{2C}-b_{2F}}{b_2^2}-\frac{b_{1C}-b_{1F}}{b_1^2}=\frac{1}{f_2}\frac{n_{2F}-n_{2C}}{n_{2d}-1}$$

辺々加え合わせて

$$\frac{b_{2C}-b_{2F}}{b_2^2}-\frac{a_{1C}-a_{1F}}{a_1^2}=\frac{1}{f_1}\frac{n_{1F}-n_{1C}}{n_{1d}-1}+\frac{1}{f_2}\frac{n_{2F}-n_{2C}}{n_{2d}-1}$$

全系を通じて別の表現をすると、$1/f_k = (n_{kd}-1)/r_k$ と考えて、

$$\frac{\delta b_2}{b_2^2}-\frac{\delta a_1}{a_1^2}=-\sum\frac{n_d-1}{r}\frac{n_F-n_C}{n_d-1}=-\sum\frac{\Delta n}{r}=-\sum\frac{1}{f\nu} \quad (6)$$

となります。この式は薄肉系が2枚以上、複数枚密着していても使える式となります。最左辺の量は全系を通じて残存している色収差を表します。これを R と表現しましょう。また(6)式右の2辺から全系の焦点距離を F' とすれば、

$$\frac{1}{F'}=\sum\frac{1}{f}=\sum\nu\frac{\Delta n}{r} \quad (7)$$

とも表せます。

　ここで、2枚の密着系（所謂、ダブレットレンズ）に話を戻せば、(6)(7)式から、

$$\frac{1}{F'}=\nu_1\frac{\Delta n_1}{r_1}+\nu_2\frac{\Delta n_2}{r_2}$$

$$-R=\frac{\Delta n_1}{r_1}+\frac{\Delta n_2}{r_2}$$

が得られます。これらの連立方程式を解いていくと、

$$\frac{1}{r_1}=\frac{1}{F'(\nu_1-\nu_2)\Delta n_1}+\frac{R\nu_2}{(\nu_1-\nu_2)\Delta n_1} \quad (8a)$$

$$\frac{1}{r_2}=\frac{1}{F'(\nu_2-\nu_1)\Delta n_2}+\frac{R\nu_1}{(\nu_2-\nu_1)\Delta n_2} \quad (8b)$$

として任意の残存色収差Rに対する平面を介した両側の曲率半径が計算できます。一般のレンズにおける色収差除去について考えれば、$R=0$となるべきなので(8a、b)式の左辺第2項は無視できます。曲率半径ではなくそれぞれの薄肉レンズの焦点距離の表記に変えれば、

$$f_1 = \frac{r_1}{n_{1d}-1} = \frac{F'(\nu_1-\nu_2)\Delta n_1}{n_{1d}-1} = \frac{F'(\nu_1-\nu_2)}{\nu_1} \quad (9a)$$

$$f_2 = \frac{-F'(\nu_1-\nu_2)}{\nu_2} \quad (9b)$$

というダブレット色消しについての重要な関係が導けます。

アッベ数は常に正なので、密着型の二つのレンズの焦点距離は異なる符号の組み合わせ、正レンズと負レンズの組み合わせでないと色消しができないことがわかります。さらに、全体の焦点距離fが正となるべき場合、単体で用いるダブレットはそうしたケースが多いわけですが、(7)式からもわかるように、負のパワーは正のレンズに比べて弱くなる必要があります。つまり焦点距離は長くなる必要があります。ということは(9a、b)式右辺の分母を見比べれば、仮にレンズ2を負レンズとすれば$\nu_1 > \nu_2$とならねばなりません。負レンズにはアッベ数の小さい、分散の大きなガラスを使うことになります(**図1**)。ガラス表では正レンズのガラスより右側に位置するものです。

これは光学設計においては重要な原則です。ダブレット全体が負になるような場合には、こうしたダブレットはズームレンズ等、複雑な構成の光学系においてはしばしば登場しますが(**図2**)、事情は全く逆になります。

色消しの公式については(6)式から$R=0$と考えて直接、

$$\frac{1}{f_1\nu_1} + \frac{1}{f_2\nu_2} = 0 \quad (10)$$

という表現も可能です。

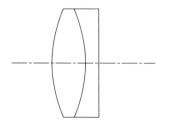

図1 パワーが正のダブレット

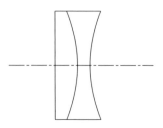

図2 パワーが負のダブレット

9-4 2次スペクトルの除去

前節ではC線とF線の焦点距離の色収差の除去について触れました。こうしてダブレットレンズにより2波長の色収差が補正され得るわけですが、設計主波長と考えられるd線においては多少の焦点距離の差が発生してしまいます。それにも増してF線よりさらに波長の短いFからC線の範囲外のg線（435.84 nm）においては、かなり大きな色収差が残存してしまいます。こうした「FC線範囲外の波長における色収差」を**2次スペクトル**と呼びます。この項では2次スペクトルの除去について説明させていただきます。前項(3)式より、単純に色収差を波長λとF線の間の焦点位置のズレと置き換えれば、

$$\delta'b_k = \delta'a_1 \frac{u_1^2}{u_k'^2} - \frac{1}{u_k'^2}\sum \frac{y^2(n_d-1)}{r}\frac{n_F-n_C}{n_d-1}\frac{n_\lambda-n_F}{n_F-n_C} \qquad (11)$$

ここで、単独の薄肉レンズを考えれば前項(3)式の1次色収差の関係より、

$$\delta'b_k = -\frac{y^2}{u_k'^2}\frac{n_F-n_C}{r}\frac{n_\lambda-n_F}{n_F-n_C} = \delta b\left(\frac{n_\lambda-n_F}{n_F-n_C}\right) \qquad (12)$$

とできます。最右辺のカッコの中の量を部分分散比と呼びます。一般的に$P_{\lambda F}$と表します。(11)式から薄肉連続系の最終的な2次の色収差は

$$\delta'b_k = -\frac{1}{u_k'^2}\sum \frac{y^2}{f\nu}P_{\lambda F} \qquad (13)$$

となります。ここで、ダブレットレンズの2次の色消しについて考えると、高さyは変化しないとみなして

$$\delta'b = -\frac{y^2}{u_k'^2}\left(\frac{P_{1\lambda F}}{f_1\nu_1} + \frac{P_{2\lambda F}}{f_2\nu_2}\right) \qquad (14)$$

そして、1次の色消しが成立しているとすれば前項(9a、b)式から

$$f_2\nu_2 = -F'(\nu_1-\nu_2) = -f_1\nu_1$$

なので、上式は、

$$\begin{aligned}\delta'b &= -\frac{y^2}{u_k'^2}\left(\frac{P_{1\lambda F}}{F'(\nu_1-\nu_2)} - \frac{P_{2\lambda F}}{F'(\nu_1-\nu_2)}\right) \\ &= -F'\left(\frac{P_{1\lambda F}-P_{2\lambda F}}{\nu_1-\nu_2}\right)\end{aligned} \qquad (15)$$

という2次スペクトルを除去するための重要な指標となる式が導けます。**図1**にνを横軸に部分分散比Pを縦軸にとったグラフを示します。一目でわかりますが、

第 9 章　色収差

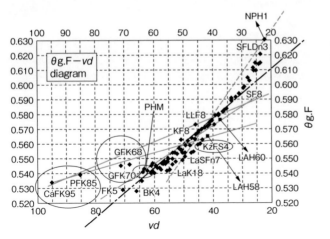

図1　アッベ数―部分分散比（g、F）：sumita 硝子

ほとんどのガラスは一定の傾きを持つ直線上に大体並んでいます。ということはガラス 1 とガラス 2 をこの図から選ぶ場合、(15)式右辺（　）内が表す直線の傾きはどの組み合わせを選んでもそう変化しないということになります。つまり、2 次スペクトルはなかなか除去できないということになります。局所的にこの大局的な直線の傾きから離れているガラスの並びもありますが、あまり二つのガラスのアッベ数が近いと、(9a、b)式は成立することは一応できるのですが、全体の焦点距離に比べ非常に小さい焦点距離をそれぞれのレンズが持つことになり、他の収差的にも製造的にも問題が起こり、ある程度離れたアッベ数のガラスを採用せざるを得なくなります。

　(15)式からアッベ数の変化より部分分散比の変化が小さいガラスの組の選択が必要になります。その場合、ガラス図の左の方に存在する数種類のガラスが主な傾きから外れていて、2 ガラスを結ぶ線分の傾きが緩くなっています。これらのガラスを使う必要がどうしてもあります。こうしたガラスを異常分散性ガラスと呼び、望遠レンズの 2 次スペクトルを除去するためには必需品となります。ただ、高価なものなのです。焦点距離が長い望遠レンズにおいて色収差の除去がより重要な問題となることは、基本的な色収差と焦点距離が比例するという 9-2 項(5)式を見ても傾向がわかります。

　2 次スペクトルはこのように、1 次色収差が除去されている時、非常に動かすのに苦労する収差なのですが、仮に 1 次の色収差が取りきれていないと、(12)式右辺の δb が変動するわけですから、2 次スペクトルも容易に変化することについては留意が必要です。その場合、薄肉ダブレットについても(14)式は以下のように表現でき 1 次色収差の影響がわかります。

$$\delta' b = \delta b_1 P_{1\lambda F} + \delta b_2 P_{2\lambda F} \qquad (16)$$

9-5　倍率の色収差

これまで密着薄肉系レンズについて考えてきました。この項では光学系に厚さがある場合の色収差について考えます。近軸理論の範囲内で光学系に厚さを考えれば、真っ先に主点を考えなければなりません。この主点の計算においても屈折率は関わってきますので、波長によりその位置が一致しないことが考えられます。するとこれまで考えてきた光軸上の色収差にも2種類あることに気づきます。一つは焦点距離が異なる色収差、もう一つは焦点位置が異なる色収差です。たとえ焦点距離を補正しても主点位置が異なれば、像の位置はずれてしまいます。また逆に焦点距離が違っていても主点位置をうまく調整すれば焦点位置を合致させることも可能です。前者を焦点距離の色収差、後者を軸上の色収差と呼んで区別しています。結局は結像位置を合わせればよいのではないかとも思われますが、焦点距離が異なると、同じ像面位置において波長により結像倍率が異なり、画面周辺で画像がずれてしまうという困ったことが起きます。これを倍率の色収差と称します（図1）。この色収差について解析してみましょう。そのために6-11項の球面収差残存時の正弦条件不満足量OSCの導出方法を利用します。6-11項の近軸像点をC線の焦点位置、6-11項の球面収差をここではC-F線間の軸上の色収差として倍率の色収差によるF線の軸外像点をSとし（6-11項、図2参照）6-11項においてと同様にして以下の関係が得られます。*CDM* は Chromatic Difference of Magnification（色よる倍率の違い）で（参考文献1）、F線による倍率の色収差量をC線の像高で割ったOSCをまねた量を想定して、

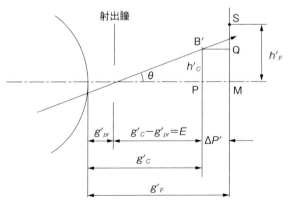

図1　倍率の色収差　*CDM* の計算

第9章 色収差

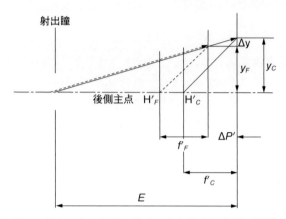

図2 軸上、焦点距離、倍率の色収差と瞳位置の関係

$$CDM = \frac{u'_C}{u_C} \frac{\sin u_F}{\sin u'_F} \left(\frac{g'_C - g'_{pr}}{g'_F - g'_{pr}} \right) - 1 \quad (1)$$

この場合、角度は近軸量で、また入射角度は波長によって相違はないので

$$CDM = \frac{u'_C}{u'_F} \left(\frac{g'_C - g'_{pr}}{g'_F - g'_{pr}} \right) - 1 \quad (2)$$

とできます。この値は倍率の色収差と同時に色のコマ収差（輪帯による倍率の違い）も含んだ値になります。瞳位置をEと置いてMP間の距離を$\Delta P'$（軸上の色収差量）とすれば、

$$CDM = \frac{u'_C}{u'_F} \left(\frac{E}{E - \Delta P'} \right) - 1 \quad (3)$$

遠方の物体にピントが合っているとすれば、角度$u、u'$は焦点距離に直結して、さらに軸外の色収差のない状態として、$CDM=0$とおけば(3)式から、

$$\frac{\Delta f'}{f'_C} = \frac{\Delta P'}{E} \quad (4)$$

という軸上の色収差と、焦点距離の色収差と瞳位置の関係が得られます（参考文献6）。この式が要請するのは図2より、

$$\frac{\Delta P'}{E} = \frac{\Delta y}{y_C} \quad , \quad \frac{\Delta f'}{f'_C} = \frac{\Delta y}{y_C}$$

ですので波長が異なっても瞳中心を通る主光線が一致することであるとわかります。

第10章

総合的に収差を考える

10-1 完全対称型のレンズについて

本項からはそれぞれの単独の収差についてではなく、総合的に検討する方向から、お話を進めさせていただきたいと思います。

最初に図1にあるような、絞りより前と後ろが全く同じレンズを逆さにした完全対称型構成の光学系を取り上げましょう。光学系の対称性の意味について考えることにもなります。最初に物体と像の位置もそれぞれレンズから同じ距離離れている等倍結像を想定します。この光学系の収差補正に際してのメリットはいくつかあります。最初にわかるのは歪曲収差が発生しないことです。物点から出て、絞り中心を通過する主光線は（探せば必ず存在します）、絞り中心を回転対称軸として180度回転した光路を後ろの光学系部でも進みます。従って、物点と同じ絶対値の高さに像点ができて像の歪みは0となります。波長の異なる光線を用いても多少、光線の射出角度が多少異なるかもしれませんが、この回転対称性は保持されます。従いまして倍率の色収差も発生しないことになります（図2）。

また図1にあるように絞りの上下の端を互いに平行に通過する2本光線を考えます。これらの光線は物界と像界で対称な光軸からの距離が等しい位置P、P′で交わります。また絞りの中心から角度を工夫してP、P′を狙う光線を探せば必ず見つかります。これら3本の光線は物点、像点として交わりますので、コマ収差も発生していないことがわかります。ただ、別の絞り輪帯を通過する光線をこの場合の共役面で像を結ばせようとすると絞り空間で光線同士が平行ではなくなり光線経路の対称性が崩れ、コマ収差が発生することになります。

対称型はさらに、物体面と像面が対称の位置になくても、つまり等倍結像時で

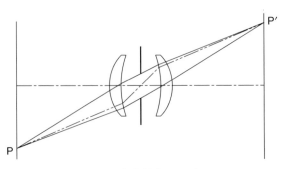

図1　完全対称レンズ

10-1 完全対称型のレンズについて

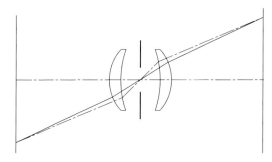

図2　完全対称レンズにおいては歪曲収差、倍率の色収差がない

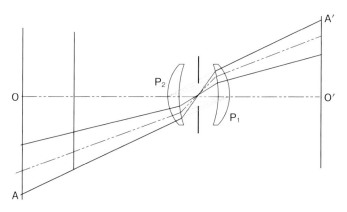

図3　等倍時でなくても歪曲収差と倍率の色は発生しない条件

なくても有益な性質を持っています。図3からわかりますように等倍時の歪曲収差、あるいは倍率の色収差の検討と同様にして等倍時のこれら主光線を延長してやれば有限倍率時の検討が可能になります。いろいろな角度（物体高）の軸外の主光線が全て入射瞳中心に入射し、射出瞳中心から射出する場合に、物体側の P_1、O、A と言う直角三角形と像側の P_2、O′、A′ は常に相似形になり、どの斜光線の場合でも二つの三角形の大きさの割合は一定です。つまり歪曲収差と倍率の色が発生しないことになります。ただ常に対称形レンズにこの性質が成立するのではなく、上記のように絞り中心 P_0 を通過する、どの斜入射主光線も P_1 めがけて光学系に入射するものでなければなりません。即ち絞りより前側の光学系は P_0 と P_1 に対する球面収差が補正されている必要があります。この結像は実際の物平面と像平面の間で起こる結像ではなく、絞りとその像の結像関係です。これ

は瞳結像です。ここに球面収差が生じないということは、レンズが対称形であればそうなる訳ではないことに注意が必要です。この条件はBow-Sutton conditionと呼ばれます。

　ここで重要なことは等倍以外の倍率では絞りの上限と下限を通過する光線（上光線、下光線）が互いに平行ではなくなることが一般的になり、コマ収差がないことの保証は全くできなくなるということです。しかし、歪曲収差と倍率の色収差が除去できる潜在能力のメリットは超広角用途等では大きく、用途に応じて、その長所と弱点は記憶しておくべきです。場合によっては絞ってしまえば画質はかなり向上するわけですから。

10-2　対称系レンズの無限倍率使用1

　完全対称なレンズにはいろいろな利点があることがわかりました。しかし実は無限遠の被写体を写す、無限倍率撮影時を考えてみると困ったことが起こります。ここで、その内容について説明させていただきます。

　図1にあるように物体側、像側にそれぞれ平面をとって、そこを光線が通過する高さをそれぞれ y、y' とします。点光源が無限遠にあれば光学系には互いに平行な角度 β の光線が到達します。この光束は無収差であれば像平面上の点 y' に収束します。この時、入射座標 y とは無関係で、y' は β のみにより決まり、方向余弦で表せば $M=\cos\beta$ として

$$M=F(y')$$

という簡単な関係式が得られます。ここで、S を光路長として既述（6-8項(5)式）の物体側の位置の変化に対する光路長の変化を表した式、

$$\frac{\partial S}{\partial y}=-nM \quad (1)$$

を考えれば、空気中であれば、

$$M=F(y')=-\frac{\partial S}{\partial y}$$

とできます。この式を y について積分すれば

$$-\int\frac{\partial S}{\partial y}dy=\int F(y')dy$$

従って光路長 S は y、y' により決まるので、

$$S(y,y')=-yF(y')+K(y')$$

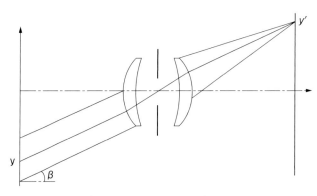

図1　完全対称光学系を無限倍率で用いた場合

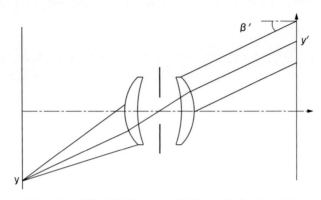

図2　完全対称光学系において物体方向を逆にした場合

となります。$K(y')$ は積分の際に発生する積分定数です。

　ここで、この検討では光学系を逆さにしても全く同じになるので（**図2**）
$$-yF(y')+K(y')=-y'F(y)+K(y) \quad (2)$$
となる必要があります。書き換えますと
$$y'F(y)-yF(y')=-K(y')+K(y)$$
ここで $F(y)$ を、定数項を含まない関数 $A(y)$ と定数 B を用いて $A(y)+B$ と表すと
$$-yA(y')-By+y'A(y)=K(y)-K(y')+By' \quad (3)$$
左辺には y の掛からない項はありません。従って両辺が常に 0 にならない限り、$K(y)$ が y' の関数になるという矛盾をきたし、以下の関係が要請されます。
$$K(y)-K(y')+By'=0 \quad (4)$$
$$-yA(y')-By+y'A(y)=0$$
(4)式から y、y' は独立して自由な値がとれ(4)式の y と y' をそのまま入れ替えた式も成立しなければなりませんので、関数 $K(y)$ は定数であり、$B=0$ であって、
$$yA(y')=y'A(y) \quad (5)$$
と対称の関係になることがわかります。よって、比例定数を便宜的に $1/f$ とすれば

$$F(y)=\frac{y}{f}$$

$$S(y,y')=-\frac{yy'}{f}+K \quad (6)$$

と重要な関数を決めることができます。

10-3　対称系レンズの無限倍率使用2

前項に引き続き完全対称型レンズの無限倍率使用について考えます。
ここで、前項(1)、(6)式から以下の関係が導けます。

$$\frac{\partial S}{\partial y} = -\frac{y'}{f} = -M$$

光軸からの光線の角度θを考えれば

$$M = \cos\beta = \sin\theta$$

なので、

$$y' = f\sin\theta \quad (7)$$

という結果が得られます（図1）。この(7)式はリバーシブルなレンズで無限遠からの収差を図1にありますように無収差に結像させるためには射影関係が通常の$y' = f\tan\theta$から変化することを表しています。大きな歪曲収差が発生することになります。10-1項で説明させていただきました完全対称型レンズの長所を航空写真などにおける超広角レンズとしてそのまま生かす場合、被写体は非常に遠方にありますので、こうした問題が発生します。ただ8-2項にありますように魚眼レンズなどでは超広角の映像を平面に収める必要があり、(7)式の射影関係を用いれば両面で都合が良いわけです。また、(7)式を成立させれば表裏どちらの方向の遠方被写体も撮影可能なレンズもできます。

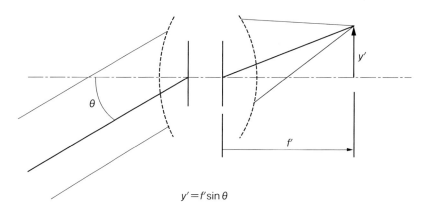

図1　完全対称光学系において収差を良好にするための射影関係

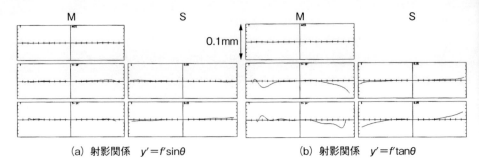

(a) 射影関係　$y'=f'\sin\theta$　　　(b) 射影関係　$y'=f'\tan\theta$

図2　完全対称型レンズの横収差図(a)、(b)
双方とも f150 mm、F11、画角 28 度　無限倍率

　この結果は前項の等倍から離れた場合の Bow-Sutton conndition 成立時の歪曲収差が発生しない、というお話と矛盾するようにも思えますが、そうではありません。歪曲収差に関連するここでの瞳収差ですが、この収差は見方を変えれば絞りより物体側、あるいは像側にある光学系の、球面収差です（10-3 図3）。ということは光学系の在り方により如何ようにも変化し、歪曲収差も簡単に発生することになります。点像における収差補正のため歪曲収差の補正を犠牲にする必要があったと考えることができます。

　また、(7)式の成立は画面上で良好な画像が得られるための必要十分条件ではありません。収差がなければ角度 M のみで座標 y' は決まる。→ であれば(7)式が成立するというだけの論理です。ですから逆はありません。収差が悪くても(7)式は成立します。

　この項の最後に実例として、広角レンズではありませんが遠方撮影時の、(7)式の条件が成立している完全対称レンズと、全く同じ仕様で通常の中心射影で設計された完全対称レンズの横収差図（10-5 項）をそれぞれ**図2**(a)、(b) に掲げます。

10-4　ピントずれと焦点深度

　レンズを適切な位置に置き直せば解消されるので、収差とは呼べないかもしれませんが、像を悪くする原因の一つに光学系と像面の間の距離が不適切な「ピントずれ」という現象があります。あえて近軸像面から像面位置をずらすことはDefocusと呼ばれて意図的に行われることもしばしばで、それは例えば球面収差の縦収差図からわかる、ちょうどバランスの良いところに像面を持っていく、あるいは球面収差のbest像面位置と、像面湾曲、非点収差、コマ収差などのバランスをとるために微妙なdefocusが行われます。場合によっては、絞りを絞ると最良像面位置がずれてdefocusが必要になる場合も出てきます（5-7項）。

　また、実際にはレンズ位置は設計値通りにぴったりの値でできるわけではありませんので、深度という考え方が重要になります。ピントがずれれば光の広がりが大きくなります。このボケの大きさを**錯乱円径**と言います。この許容できる錯乱円径が用途により異なり、許容できる範囲のピント移動の範囲を深度と呼びます。物体を固定して像側のdefocus可能領域を言う**焦点深度**と、像位置を固定して、物体位置を動かし像面での錯乱円が許容範囲で収まる物体の移動範囲を言う**被写界深度**（図1のX）の2種類の深度があります。焦点深度Z_0は軸上光束の半角θを用いると

$$Z_0 = d/\tan\theta$$

と表せます。被写界深度を考えるときには図1において$Z \simeq Z_0$としていいでしょう。この値を用いて被写界深度を導いてみましょう。焦点深度の最もレンズに接近した位置を規準とし、この位置での結像横倍率を$\beta' = b/a$とします。ここで、以下の結像関係式が成り立ちます。

$$-\frac{1}{a} + \frac{1}{b} = -\frac{1}{a+X} + \frac{1}{b+Z} \quad (1)$$

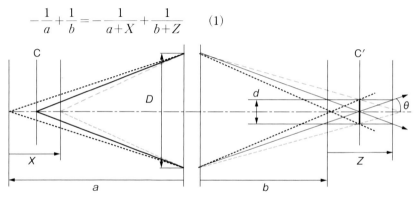

図1　焦点深度と被写界深度の関係

よって(1)式と横倍率 β' の関係から整理していくと、

$$X = \frac{Z}{\beta'^2 + Z(\beta'-1)/a} \qquad (2)$$

なる関係が焦点深度と被写界深度の間に成り立つことがわかります。だいたい Z に比べて a は非常に大きな値になりますので、像の横倍率 β' の2乗との反比例の関係が目安になります。

ところで、デジタルカメラなどで撮像素子サイズが大きくなると被写界深度が浅くなって背景を綺麗にボカすことができる、ということが言われますがこの内容について検討してみます。図2にありますように便宜的に物体面上 L という幅で被写体を取り込むとします。この同じ領域を同じレンズで、m 倍の大きさの撮像素子で撮影したらどうなるかを考えます。すると二つの状態で横倍率 β' が異なり、素子サイズを m 倍したカメラの被写界深度が(2)式から大体 $1/m^2$ 倍になります。しかし、素子が大きくなった分、許容錯乱円径も m 倍になることを許されると簡単に考えると、その分深度は相殺され結局 $1/m$ 倍深度が変化します。$m>1$ であれば深度が浅くなることになります。実際には両機に同じレンズを用いると撮影倍率が異なるので絞りが開放でも図1の角度 θ が変化し、ある程度の補正をこの計算に加えなければなりません。しかし、例えば焦点距離77 mm のレンズで1m の幅の被写体をそれぞれ、幅20 mm と 40 mm の撮像素子に取り込む場合のレンズから撮像素子までの距離の差は、2％程度でしかありません。

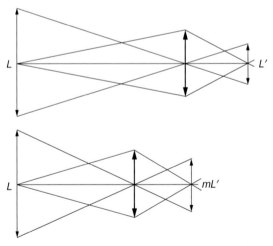

図2 被写界深度とイメージフォーマットについて考える

10-5　横収差図の読み方1

　これまで様々な収差について説明させていただいてきました。そこで、球面収差に球面収差図、像面湾曲には非点収差を含む図面湾曲図等が存在しました。実はこれらを一度に表してしまう図があります。横収差図というものです（**図1**）。一般的には**図2**にありますように、像高、M、S像面ごとの複数の図によって構成され、一つの光学系の性能を表します。その中の一つの図については、縦軸には収差量、像面上での主光線から注目する光線の到達点の距離、横軸には光線の絞りでの通過位置を表しています。座標原点は絞り中心を通る主光線を表していて、主光線は収差の基準ですから、収差もゼロである、ということになります。いうまでもなく横軸と横収差曲線がぴったりと一致するのがベストの状態です。

　もし、ピントが合っている状態から、図面を移動させてしまったらどうなるでしょうか？当然点像はボケます。ボケますが元々点像を形成していたとするとその点を扇の要のようにして光が広がるので、絞りでの光線通過位置と収差量は比例関係になります。従って、横収差曲線は原点を中心として傾いた直線となります。点像の位置から像面をどちらに移動するかによって収差図の傾きの方向も変わってきます。ですから、もし軸上は真っ平らな収差曲線が、軸外で傾いているとすれば、軸外のピント位置が画面中心のそれとズレていることになります。

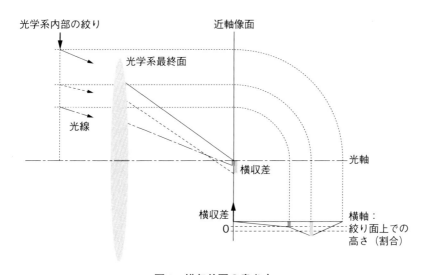

図1　横収差図の書き方

第10章　総合的に収差を考える

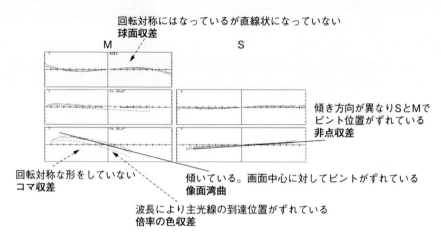

図2　横収差図

像面湾曲が存在しています。またSとM像面で傾きが逆であれば理想的な像面が逆の方向に存在するということで、非点収差の存在がわかります。

さらに、M像面の収差図の回転対称性がなくなっている時、これはその像高で主光線を含むサジタル面に対して非対称な収差が発生してることを、コマ収差が発生していることを示しています。

回転対称な共軸光学系であれば軸上とサジタルの収差曲線は回転対称になります。Fナンバーの明るい光学系においては、高次球面収差の影響で収差曲線が大きく曲がる可能性もあります。こうなると、defocus しても横軸にぴったりと一致しなくなります。

また、主波長で収差図を表し、同時に重ねて他の波長の横収差図をいくつも重ねて表示することもできます。その場合、原点で2波長の曲線が一致しない場合も出てきます。これは倍率の色収差（9-5項）で、波長の異なる主光線が違う位置に到達して部分的に画像の倍率が異なってしまっていることになります。

このように横収差図は収差の全体像を捉えるのに非常に便利です。もちろんより多くの光線を通す、スポットダイヤグラムの方が点像としてはよりリアルな情報をもたらしますが、絞りのどこを通った光線がどこに届いたのかという、光線を特定する情報がありません。光学系の主にどの部分について、どのように光学系の収差を改善していくか、のヒントは収差図に多く含まれています。

10-6 横収差図の読み方2

さらに収差図を使ってより理解を深められる内容もあります。絞りをどこに設定するかが、光学設計においては非常に重要となりますが、その意味がよくわかります。**図1**のレンズはF4で使用するつもりですが、一応、検討のため適当に絞りを置いてF2.8で設計してみました。実際にはここからF4に使用範囲の光束を切り取ることになります（**図2**）。

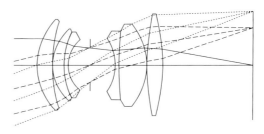

図1　F2.8で設計されたレンズ

ここで少し絞りを移動してみます。絞り系はF4を維持するようにしていて、球面収差は変化しません。ところが、軸外光束は絞る位置が変わることによって、**図3**の様な収差に変化します。これは一目でわかるようにF2.8の収差図の光束の切り取るところを変化させたのにすぎません（実際には周辺光束のどこを切り取るか？ということです。）。このように絞り位置により収差の状況も変わってきます。

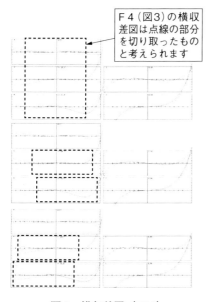

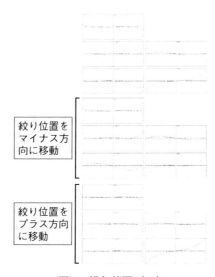

図2　横収差図（F2.8）　　　　　　　**図3　横収差図（F4）**

第10章　総合的に収差を考える

　ここで、注意が必要なのは、軸外光束は必ずしも絞りで光束を制限されるとは限らないことです。図4をご覧ください。横収差図の軸外のところで、収差曲線が横軸の幅目一杯のところまで達していません。隙間が空いています。そして注意して光路図を見ると、収差図に対応してちょうどその部分で絞り系と光束系の間でやはり、隙間が空いています。この場合は絞りより前と後ろのレンズ径で光束が制限される、これまでにも触れさせていただきましたビグネッティング（4-2項）が起きています（図5）。こうして収差補正のために意図的に悪い光線をカットする手段もあり、遮光のためだけに円形開口を持った板（遮光板）を光学系中に配置する場合もあります。ただし、周辺光量は当然、落ちて画面周辺はビグネッティングの度合いに応じて暗くなることになります。

　これが極端であれば問題になりますが、写真レンズなどの場合にはある程度、画面周辺が中心に比べて暗くなることは許されます。画面中心に近い、注目の集まるところの収差が改善されるのであれば、ある程度周辺は犠牲にするということです。ただ工業用の検査用レンズなどにおいてはこうしたビグネッティングが許されない場合も多く、ここら辺は光学設計においては重要な設計条件の一つとなります。画角も比較的広く、口径比も明るい写真レンズ等においてはいかにうまく周辺の有害な光線を目立たなくカットするかが重要なテクニックになります。

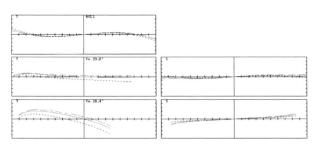

図4　ビグネッティングが起きている横収差図

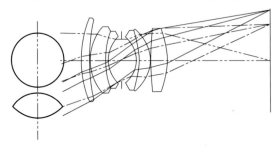

図5　ビグネッティングが起きている光学系の光路図

第 11 章

周辺光量

第11章 周辺光量

11-1 周辺光量について

ここで、Fナンバー（4-3項）に続いて光学系の齎す結像の明るさ、画面の明るさについて考えてみましょう。まずは画面中心と周辺の明るさの違いについて検討します。**図1**にあるような光学系を考えます。ここで歪曲収差がないことを前提とします。光源の微小な部分から入射瞳に向かって光束が入射しています。光の量という

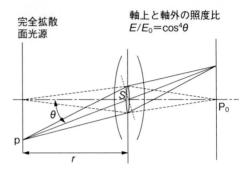

図1　周辺光量の考察

のは、測光学では立体角という器でその立体的な角度の広がりを計られ、立体角に比例して光量は多くなります。立体角 Ω は半径 r の球の表面積 S を中心からの広がりで切り取るとき

$$\Omega = \frac{S}{r^2} \quad (1)$$

で定義されます（**図2**）。そうしますと、図1の光軸に沿って入射瞳に張られる立体角 Ω は(1)式で表されます。また周辺の点Pから張られる立体角 Ω' は

$$\Omega' = \frac{S \cos\theta}{\left(\dfrac{r}{\cos\theta}\right)^2} \quad (2)$$

と表されます。(2)式右辺の分子に $\cos\theta$ があるのは、瞳の大きさが斜めから見ている分、小さく見えるからです。分母はPから瞳中心までの距離が軸上に比べ $1/\cos\theta$ 長くなっていることが表されています。これで $\cos\theta$ の3乗分、軸外の像に達する光束は少なくなっていることになります。あとは光源面の発光の性質を考えなければなりません。

こうした明るさの指向性を考える時に、輝度という量がよく用いられます。**輝度**はどの場所から、どの方向にどのくらいの光が出ているかを示す量です（**図3**）。ある場所からある方向 θ への単位立体角あたりに、その場所の θ 方向からの見かけの単位面積からどのくらいの光束が出ているかを示します。光学設計ではどの方向にも等しい輝度で輝く完全拡散面をその基準としています（**図4**）。指向性

11-1 周辺光量について

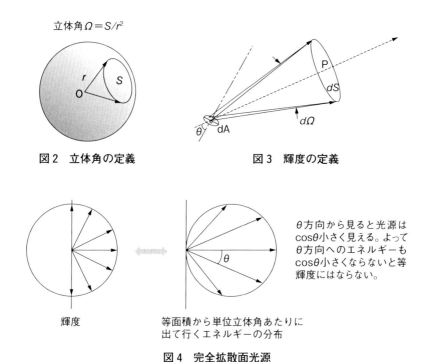

図2　立体角の定義

図3　輝度の定義

図4　完全拡散面光源

のない、どこからでもよく見える投影スクリーン面を思い浮かべて頂いてもよいかもしれません。

　上述の立体角と発光している光源の見かけの面積が乗ぜられ、光の器の大きさが決まり、そこに光の密度とも言える輝度が乗ぜられ、その部分から発光エネルギーに比例した量、フラックス（Flux）が得られます。輝度には光源面を見込む角度 $\cos\theta$ が重要ですが、確かに光源面をものすごく横から見ると、見た目の光源面積は小さくなってしまいます。ですから図1の場合にも光源の面積に $\cos\theta$ をかけなければなりません。かくして、立体角の分と、この光源面積の分が掛け合わされて、中心部に比べてP付近から取り込まれるフラックスは $\cos\theta$ の4乗分だけ少なくなります。また、歪曲収差はないことを仮定して、物体面での微小面積は結像倍率が掛かった単純な比例関係がある並び方をしますので最終的な像側での画面中心部と周辺部の照度（単位面積当たりに到達するフラックス）の比は $1 : \cos^4\theta$ で表されることになります。これをコサイン4乗減光則と呼びます。

11-2　一般的な周辺光量の計算 1

前項では一般的な周辺光量の考え方について説明させていただきました。非常にクリアな分かりやすい考え方なのですが、昨今の光学系はテレセントリック系（4-5項）に代表されるように、画角を決める光線と実際に瞳に向かう光線との角度の差が大きい（主点位置と瞳位置が大きく異なる）ものが増えてきて、前項のように簡単に像面照度比を考えられない場合も増えています。そこでより汎用的な周辺光量の考え方について触れさせていただきます。

図1にあるように、前後の光学系に囲まれて絞りが存在する一般的な光軸に関して回転対称な光学系配置を考えます。ここで、絞り中心を光軸に対して角度 θ をなして通過する光線群は、図1にあるような円錐の側面を形成します。

θ が微小量 $d\theta$ 大きくなることにより、その分、円錐側面に厚みが付き、漏斗状の体積を持つ立体が表れることになります。絞り径を光学系の焦点距離等のスケールから比べてそう大きくないものとして、絞り面の各位置から同様の図形内に光が放射されるとすれば、光源を輝度 B の完全拡散光源として、絞りからはこれら立体内に

$$\Phi = BA2\pi \sin\theta d\theta \cos\theta \quad (1)$$

のフラックス・光束（単位時間当たりにそこを通過するエネルギーです）が放射されることになります。絞り中心を通過する光線は軸外結像における主光線であ

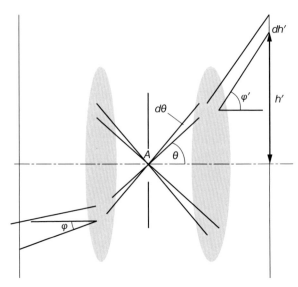

図1　絞り中心に張られる立体角

って、この立体内の光束が積分、或いは絞り面積を乗ぜられて（**図2**）像面上で半径 h'、幅 dh' のリング状の被照明部分を形成するので、その部分での像面上の単位面積当たりの到達する光の量を表す照度 E は、

$$E = \frac{BA \sin\theta d\theta \cos\theta}{h' dh'} \quad (2)$$

と表せ、

$$E = \frac{1}{2} BA \frac{d(\sin^2\theta)}{d\theta} \left(\frac{1}{2} \frac{dh'^2}{dh'}\right)^{-1} \frac{d\theta}{dh'}$$

$$E = BA \frac{d(\sin^2\theta)}{d(h'^2)} \quad (3)$$

という照度についての関係が得られます（参考文献3）。$\sin\theta$ と h' が比例関係にあれば、画面上で照度は一定に保たれることになります。従って以下の射影関係、（後部光学系の焦点距離等の比例定数を k として）、

$$h' = k \sin\theta \quad (4)$$

が成り立てば、(3)式の値を一定にすることができます。

　ここで、後部光学系のみを独立させて考えれば、(4)式の射影関係による歪曲収差（射影関係 $h = f\tan\theta$ からの偏差）の発生を意味しており、また、図1の絞り面を完全拡散面光源とした場合の照明系と捉えることもできます。こうした射影関係、歪曲収差を利用して、照明系の照度分布を制御することも光学設計においては重要な技術です。

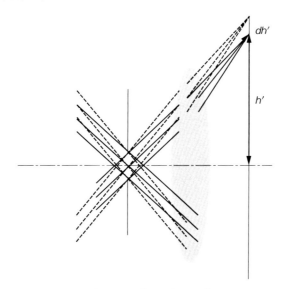

図2　幅 *dh'* の帯状の被照明部分

11-3 一般的な周辺光量の計算2

さらに画面周辺の画像の明るさを考えるために、前項(3)式についての解釈を進めます。もし、仮に絞りの前に光学系が存在せず絞りが前面に出ているような場合には（**図1**）、歪曲収差が存在しなければ、β' を横倍率として、

$$h' = \beta' h = \beta' z \tan \varphi$$

という関係が成り立ち(3)式は、β' を横倍率として、

$$E = BA \frac{d(\sin^2 \varphi)}{d\{(\beta' z \tan \varphi)^2\}}$$

$$= \frac{BA}{\beta'^2 z^2} \frac{d(\sin^2 \varphi)}{d\varphi} \left(\frac{d(\tan^2 \varphi)}{d\varphi} \right)^{-1}$$

$$= \frac{BA}{\beta'^2 z^2} \cos^4 \varphi \qquad (5)$$

となり、$\cos^4 \phi$ に比例して周辺の照度が降下していくことがわかります。また、絞りより後ろには光学系がなく、前部光学系のみで結像が起きているとするとる（**図2**）、やはり歪曲収差が存在しないとすれば

$$\theta = \varphi', \qquad h' = z' \tan \varphi'$$

の関係になり、(3)式より、(5)式の場合と同様にして以下の結論が得られます。

$$E' = \frac{BA}{z'^2} \cos^4 \varphi' \qquad (6)$$

ここでさらに、絞りの前後双方に光学系が存在する一般的な場合を考えてみま

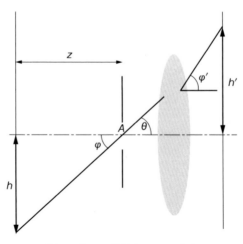

図1　絞りが最前面にある場合

しょう。そこでもし、

$$\varphi \approx \theta \approx \varphi' \quad (7)$$

が成立している**図3**にあるような光学系を取り上げると、上記絞りが最前にきている場合の検討と同じになります。θを光学系への入射角とみなせるからです。従ってこの場合も$\cos^4\varphi$に比例して周辺光量は低下していきます。これは既述のコサイン4乗減光則と呼ばれるもので、(7)式が成立している光学系に当てはまるものです。こうした光学系は中央に絞りがあり、瞳もその近傍にあるという収差補正的にも合理的なもので、11-1項にあるように周辺減光を考える上で代表となり得る構成のものです。

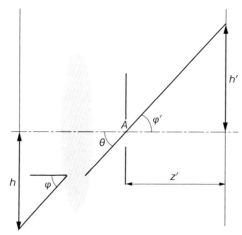

図2　絞りが最後面にある場合

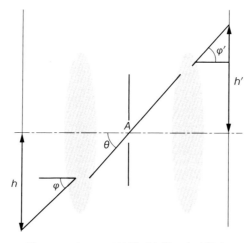

図3　$\varphi \approx \theta \approx \varphi'$で絞りが中間にある場合

11-4　周辺が暗くならない光学系、輝度不変則

前項でコサイン4乗減光が起きる一般的な場合について触れました。その時は(7)式の条件下でしたが、前部、後部光学系にそれぞれ以下の関係を考えてみてはどうでしょうか？

$$h = k \sin \theta \quad (8)、\quad h' = k' \sin \theta \quad (9)$$

この場合、$h'/h = k'/k$ となり、物体と像の大きさは常に比例関係になり、歪曲収差は発生しないことになります。そして、11-2項(3)式よりこの場合、像面照度は一定になるはずです。これはかなり素晴らしいことですが、(3)式をよく見ると輝度 B が一定でないと、照度が一定とはならないことがわかります。これは明らかに前群及び光源が影響してきます。もし絞り面上において輝度一定であれば、こうした光学系は成立することになりますが、以下で検討してみましょう。

図1には前部光学系における光線の入射の様子が示されています。射影関係としては(8)式が成立しています。ここで絞り径を微小と考え、6-7項(6)式と同様にして光線の構造によるメリディオナル方向での不変量を考えます（図2）。6-7項と異なるのは物界で微小な角度をなす2本の光線が絞り面上で交差するという設定です。前部光学系の射影関係を考慮しています。6-7項におけるのと同様の考え方で、A,B′を両端として、光線A,A′そしてBB′とそれぞれ像界

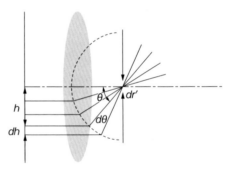

図1　前部光学系　射影関係 $h = k \sin \theta$ の図

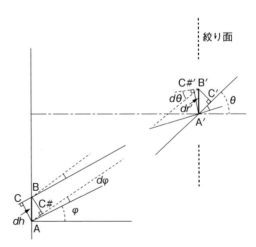

図2　光線の構造によるメリディオナル方向の不変量

（絞り側）と物界で平行な偽経路 $\overline{AB'}$ を考えますとフェルマーの原理から $[AB']=[\overline{AB'}]$ とできますので、

$$[AA']-[BB']=[AB']-[A'C']-[AB']+[AC\#]$$
$$=-n'dr'\sin\theta+ndh\sin(\varphi+d\varphi)$$
$$\simeq -n'dr'\sin\theta+ndh\sin\varphi+ndhd\varphi\cos\varphi \quad (10)$$

また同様に、像界で光線 BB'、物界で AA' と平行な偽経路 $\overline{BA'}$ を用いて、

$$[AA']-[BB']=[BA']+[CB]-[BA']+[B'C\#']$$
$$=ndh\sin\varphi+n'dr'\sin(d\theta-\theta)$$
$$\simeq ndh\sin\varphi-n'dr'\sin\theta+n'dr'd\theta\cos\theta \quad (11)$$

(10)と(11)式の差をとって

$$ndh\cos\varphi d\varphi=n'dr'\cos\theta d\theta \quad (12)$$

と 6-7 項と全く同様のメリディオナル面内の不変量が求められます。サジタル方向の不変量を求める際は**図3**で考えます。図2において $\varphi=\varphi'=0$ となる場合と全く同様ですので、$ndtd\gamma=n'dt'd\gamma'$ とできます。後の処置も 6-7 項と同様にして

$$n^2dSd\Omega\cos\varphi=n'^2dS'd\Omega'\cos\theta \quad (13)$$

また、両辺でエネルギーは保存される必要があるので、それぞれの界の輝度を用いて、以下の関係が成り立ちます。

$$BdSd\Omega\cos\varphi=B'dS'd\Omega'\cos\theta \quad (14)$$

従って(13)式と(14)式を比較して光学系が空気中にあれば、$B=B'$ となって輝度が保存されることがわかります。これは輝度不変則と言われる光線の構造から導かれる重要な法則です。従って光源を輝度一定の面、完全拡散面と仮定すれば、この場合の絞り面も完全拡散面と見なせることになります。

因みにもし、物界で大きく角度が互いに異なる光線が絞り中心を通過するような一般的な光学系の場合には、(12)式は 6-7 項(6)式を導くのと全く同じやり方で導け、輝度についての検討結果も上記と一致します。

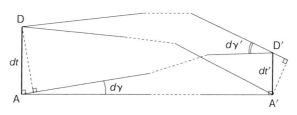

図3　光線の構造によるサジタル方向の不変量

11-5 周辺が暗くならない光学系、瞳収差

前節の周辺減光が起きない光学系の前部光学系では何が起きているか考えてみます。ちょうど絞りから物界の方に逆に光線が進んでいると考えて頂くとわかりやすいかもしれません。この場合前項(12)式において、空気中として

$$d\varphi = \frac{dr'}{dh\cos\varphi}d\theta\cos\theta \quad (14)$$

となります。ここで、絞り面上の面積素の長さ dr'、絞り上の光線角度ピッチ $d\theta$ は一定です。従って角度 θ が変化して dh が変化すると定数 k を用いて(14)式は、(8)式から、

$$d\varphi = dr'\left[\frac{k\{\sin(\theta+d\theta)-\sin\theta\}}{d\theta}\right]^{-1}\frac{\cos\theta}{\cos\varphi} \quad (15)$$

$d\theta$ が微小であれば上式右辺大カッコ内は $\sin\theta$ の微分とみなせて、

$$d\varphi = \frac{dr'}{k\cos\varphi} \quad (16)$$

となります。この時、物体から瞳に張る角度、光源から光を取り込む角度は、円錐形の中心線が光源面放線となす角度 φ の cos の逆数倍大きくなります（図1）。サジタル方向については絞り中心を通過する主光線が物界でほとんど平行とみなせれば取り込み角は一定です。また、完全拡散面からの角度 φ の方向へのフラックスはちょうど $\cos\varphi$ 乗じられたものになりますので、(16)式から

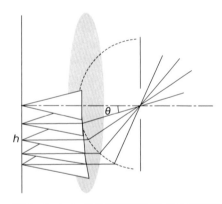

図1 $h=k\sin\theta$ の射影関係にある前部光学系に張られる立体角

すると物体側ではフラックス取り込みの減光が全く生じないことがわかります。さらに全体の結像関係において歪曲収差もなく、周辺減光が起こらないことになります。一方、11-3項で考えた古典的な配置の、

$$\varphi \approx \theta \approx \varphi' \quad (17)$$

という関係が成り立っている光学系では(14)式は

11-5 周辺が暗くならない光学系、瞳収差

$$d\varphi = dr' \left[\frac{k\{\tan(\theta+d\theta)-\tan\theta\}}{d\theta} \right]^{-1} \frac{\cos\theta}{\cos\varphi}$$

$$= \frac{dr'\cos^3\theta}{k\cos\varphi} \quad (18)$$

と、周辺のメリディオナル方向の取り込み角は減少します。

11-1項で考えたように、軸外で入射瞳にはる立体角が減少するのは当然のことです。つまり、(8)(15)式が成り立つ、光学系においては軸外光源から望む絞りへの立体角が(18)式の一般的な光学系の場合と比べて拡大されていることになります。瞳像が一種の収差を持っていることになります。これを**瞳収差**と呼びます。

一般的な光学系ではサジタル方向の絞りを斜めに見込む角度も $\cos\theta$ に比例して小さくなり、上記の完全拡散面による $\cos\varphi$ 分の減光を(18)式に乗じ結局 $\cos$ 4乗分、前部で減光します。もし、この後に光学系全体で $k\sin\theta$ の射影関係を持つように後部光学系を工夫しますと歪曲のない射影関係 $k\tan\theta$ の光学系との、物体面上のリング状の面積の、像面での結像面積の比は以下のとおりです (**図2**)。

$$\frac{ds_2'}{ds_1'} = \frac{\sin^2(\theta+d\theta)-\sin^2\theta}{\tan^2(\theta+d\theta)-\tan^2\theta} \approx \cos^4\theta$$

照度を計算する際の分母が小さくなるわけですから、前部で周辺減光が発生していても、その減光分を歪曲収差で打ち消すことが可能となります。当然、この場合には顕著な歪曲収差が発生します。

こうした検討は小さな絞り径を前提にしていることを忘れてはなりません（φ, φ' は微小でなくて結構です。）。ただ共軸系の場合、近軸理論と同様で、こうした構造理論の段階で光学系のポテンシャルを知ることができます。また十分大きな径に対する理論への拡張もここから可能になります。

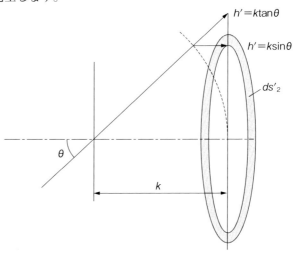

図2　射影関係による像面積の違い

第 12 章

光学系の評価と最適化

第 12 章　光学系の評価と最適化

12-1　光学系の性能評価

　光学設計が上手くいっているかどうかはどのように調べるのでしょうか？これまでに説明させていただいた収差図やスポットダイヤグラムといったものは、そうした役割を果たすものでした。基本的には点像の再現具合を画面内で適切な代表点について調べ、それらの位置の正しさについて評価すればよいことになります。ではどのくらいの画像の細かさが再現されればよいのでしょうか？もちろんこれは何を写したいかにもよりますし、あるいは CCD 素子の細かさによって決まるかもしれません。

　すでにスポットダイヤグラムについては触れさせていただきましたが、光線本数を十分増やしていくと、図 1 のような連続的な分布が得られます。これを点像強度分布、Point Spread Function（以降、PSF と記します）と呼びます。点像がボケている様子を表しているわけですから、元の二つの点光源の離れている距離を元に、像面上でもそれに対応する位置での PSF を掛け込むと 2 光源の像の分布が得られます。あまり二つの山が近づくと谷が埋もれ、2 点があった形跡が分離できなくなります。大きな連続した光源があるのか、分離したものであるのか簡単には見分けがつきません。このような分離の限界の 2 点光源間の距離を解像限界と呼びます。

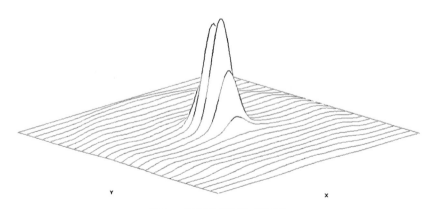

図 1　点像強度分布（PSF）

また、解像検査用チャートはすでに登場していますが、これは白黒の一定周期を持つ模様でできています。こうした模様も点光源の集まりとして考えれば、PSFが画面内であまり変化しないとすれば、図2(b)にあるような元模様にPSFを掛け込んでいって画像のようすが推測できます。PSFが大きいとチャートの谷はどんどん埋まっていきます（図2(a)では図1のPSFを持つレンズのチャートの結像により、像の分離が悪化する様子を示しています。）。このようなチャートを目視で検査することによって光学系の解像力がわかります。一般的な解像検査は解像チャートを結像させたり、あるいは逆に像位置にチャートを置いて、これを大きく投影して行われます。

この時、PSFの山同士が分離して見える限界の解像チャートの細かさにより、光学系の解像力は定量化されます。光学業界では1mmに白黒の模様が何組見えるかでその数値を決めます。10組あれば10本/mm（10ホンパーミリ）、光学以外の工業分野では白黒の組を2本と数えるところもあるので、それと混同せぬよう、10 LP/mm（10 ラインペアパーミリ）と記す場合も多いです。

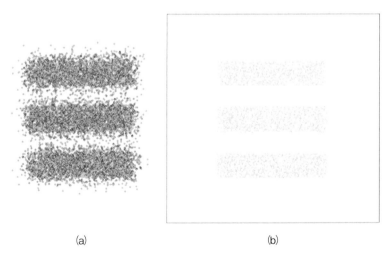

図2　図1のPSFの光学系による被写体チャート(b)の像(a)

12-2 回折による解像限界について

　ここで光学設計に際してどうしても留意しておかなければならない波動光学の影響について触れておきます。幾何光学的領域の収差が仮に全て補正され、幾何光学的に点光源から出た光が全て一点に収斂するような光学系が設計できたとしても、解像力は無限大とはなりません。実際には、光学系の絞りにより光が曲げられ、回折され、フラウンホーファー回折像という面積を持った、少しボケた像になってしまいます。（図1）この像がどのくらいの大きさかと言いますと、中心から1番最初の暗い輪（第1暗帯）までの半径 ω は、

$$\omega = 1.22\lambda F \quad (1)$$

として表されます。λ は光の波長、F はレンズの明るさを表すFナンバーです。Fナンバーが大きいと像のボケは大きくなります。回折光は通る穴が小さいほど、あるいは観察位置が遠くになるほどその広がりは大きくなるからです（1-5項図1）。試しに計算してみます。波長が d 線 587.6 nm、Fナンバーが4としてみましょう。

$$\omega = 1.22 \times 0.0005876 \times 4 \cong 0.00287 \text{ (mm)}$$

となります。直径でいうと、5.7 μm 程度にはなってしまいます。決して小さな値

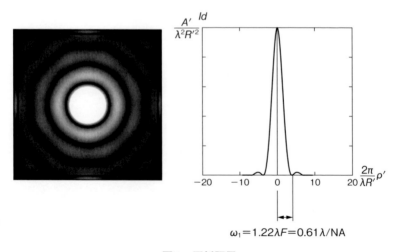

$\omega_1 = 1.22\lambda F = 0.61\lambda/NA$

図1　回折限界

ではありません。また光る方向を逆にして考えると、半径 ω の小さい被写体からは(1)式のFナンバー、あるいは正弦条件で要請される $F=1/(2N'\sin\theta)$ で定まる光線の広がり角度で光束が放射されます。この広がり角を十分光学系は取り込まないと、実質のFナンバーが暗くなり、(1)式から、再現できる被写体の最小の大きさ ω が大きくなって、解像力が低下することになります。したがって、高性能な顕微鏡対物レンズには高NAの明るい性能が求められます。収差もなくし、口径比も上げなくてはならなくなり収差補正は大変になります。

また、非常に明るい場所でフィルム、撮像素子の感度の高いままで通常のシャッタースピードで撮影を行うと、絞りを非常に絞ることになり回折の影響で、本来は、収差は開口の影響を直接受けますので、向上するはずの画質が逆に悪化したりすることになります。

解像限界の目安としてはレーリーの限界というものがあります。図2にあるように二つの回折像の第1暗帯が互いに相手のpeakの下に潜り込む近さを像の分離限界、二つの点像があると認識できる限界としようという考えに基づいています。するとこの限界時のpeakの距離は(1)式の ω ということになります。これは一つ目安で、もう少し近くても分離して見える、という説もあります。

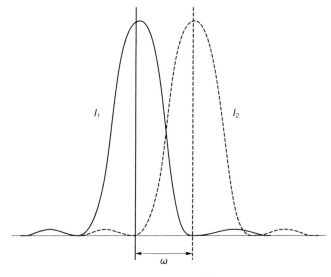

図2 レーリーの限界

12-3　MTF

　前項で触れた解像力、あるいはその表示方法は直感的に理解しやすく、また測定によって実測値も簡単に得られるので、非常に広く光学系の性能を表す指標として用いられています。

　ところが、少し考えてみればわかる通り、結像性能のみを問題にする場合でも、細かい被写体が写るか、写らないかのみで画像の評価をすることには無理があり、また、目視検査においても、解像していることの判断基準の決定も難しい、という問題がそこには残ります。そう細かくない被写体を写す場合にも、その結像において被写体が分離して見えるとしっかりと認識できるほどであるとしても、その写り方にはコントラストの面などにおいてもいろいろ違いが存在します。例えば100 LP/mm を解像できる光学系において、20 LP/mm のチャートを解像できることは当たり前なのですが、その像の性質はいろいろなケースがあり、薄かったり濃かったりとか、線が分離しているのはわかるのですが意外とはっきり分解していなかったりとか、それらの性質は解像力表示だけではわかりません。より、客観的で、定量的、多面的な大量の情報が画像の評価のためには求められることになります。また、これまで取り上げてきました収差図やスポットダイヤグラム、PSF からは、その形状が多種多様なので定量的な解像力についての評価が直接行いにくい面があります。

　そこで、用いられるのが、MTF（Moduler Transfer Function）あるいは、OTF（Optical Transfer Function）と呼ばれる評価量です。上記の通りの扱いやすさにより、解像力という性能を表す指標は、現在でも光学系を考える場合に多く用いられ続けていますが、光学設計における性能評価、あるいは一部の写真レンズを含む高性能な光学系の実際の性能検査においても、MTF は最も重要な評価量として用いられています。結局光学設計者は、さまざまな制約下の光学系においての十分な高さの MTF 値を得るために努力を続けている訳です。

　これまで取り上げてきた白黒チャート（**図**1(c)）を図1(b)のような正弦波チャートと置き換えて考えることがスタートです。この正弦波白黒チャート像の周期内の最大強度を I_{max}、最小強度を I_{min} とすれば、結像のコントラスト（contrast）或いはモデュレーション（Modulation）、C_t は以下のように定義されます（図1(a)）。

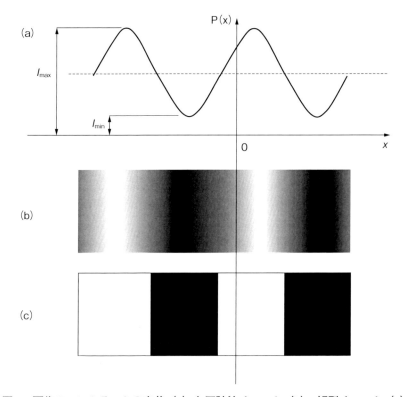

図1 画像のコントラストの定義 (a) と正弦波チャート (b)、矩型チャート (c)

$$C_t = \frac{I_{max} - I_{min}}{I_{max} + I_{min}} \quad (1)$$

この定義は、以下のように、バックグラウンドの平均的明るさ（分母）と、像強度の振幅（分子）の比を表しています。

$$C_t = \frac{\frac{1}{2}(I_{max} - I_{min})}{I_{min} + \frac{1}{2}(I_{max} - I_{min})}$$

光量の絶対値に左右されず、結像の鮮明さを表すことになります。このコントラストを正弦波チャートの像から計算し、被写体である正弦波チャートのコントラストで割り、比をとったもの、それがMTFです。

12-4 MTFとフーリエ変換について

MTFの大まかな概念について前節で説明させていただきました。ここではもう少し具体的にMTF計算の考え方について説明いたします。前項の定義をそのまま用いてMTF曲線（12-5項）を得るには、多くの周波数の正弦波チャート像のコントラストを測定しなければなりません。またシミュレーション上においても、如何にして正弦波像を簡便に再現するのか、という問題にもなります。

実際にはMTFはスポットダイヤグラムのところでも触れました点光源（測定の場合には、測定しやすいように細長いスリット光源等が用いられます。）の光学系による像の分布、点像強度分布（PSF）をフーリエ変換することにより計算されます。フーリエ変換とは、本書では詳細は控えますが、周期を持ついかなる関数も、幾つかのいろいろな周波数、振幅、固有の位置（位相）ずれを持った正弦波の合成で表現し得、波動を周波数と振幅の分布として表現し直してしまうという凄い技です。光学的には点光源の明るさを瞬間的なパルスのような関数（デルタ関数）と捉え、その光学系による像をフーリエ変換して含まれる、いろいろな周波数の正弦波の強さの衰えを一気に計算し、光学系の結像能力を定量化しよ

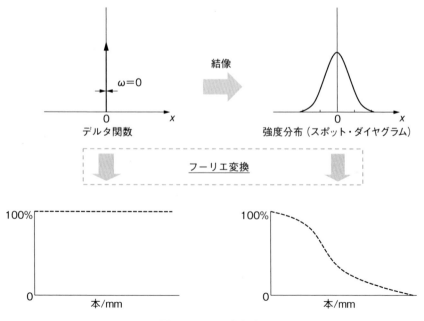

図1　MTFの考え方

12-4 MTFとフーリエ変換について

うという考えをします（図1）。こうすると、多くの周波数の正弦波像を個別に再現する必要もありません。元の点光源を表すデルタ関数は、そのままフーリエ変換すると同じ強さ、振幅を持った、連続的にその周波数が変化する無限の数のcos波、正弦波の重ね合わせで表現できるので、もし仮に総べての領域の周波数において、強さを損なうことなく、完全な振幅を再現できる光学系が存在するとすれば、この光学系は点光源の完全な点像を結像させることができる訳です。

ところが実際の光学系においては、回折や収差の影響により点光源の像が大きさを持ってしまいます。この大きさを持った強度分布をフーリエ変換すれば、一般的にそのスペクトルは周波数によって変化し、高周波成分の振幅ほど大きく減衰していきます。ある特定の周波数に着目すれば、光の強弱の分布を波として捉えて、その空間的な周波数における正弦波格子像の結像の被写体と比べた強さ、再現性を定量化することができることになります。さらに、幅広い周波数領域に着目すれば、その光学系の特定の物点に対する結像性能を総合的に理解、表現することが可能となります。

この正弦波の振幅の減衰した振幅の、元の振幅との比をMTFと定義します。前項(1)式のコントラストと一致するものです。振幅の絶対値を表すMTFと、正弦波の x 方向への位置ずれ（位相ずれ）の情報PTFによって、フーリエ変換から得られるOTF (optical transfer function) が構成されます。周波数 ν におけるOTFは以下のとおりです。Exponentialの関数で正弦波動を表しています（図2）。

$$OTF(\nu) = MTF(\nu) \cdot \exp\{iPTF(\nu)\}$$

MTF導出の詳細、PTFの影響につきましては参考文献11)、18)、19)をご覧ください。

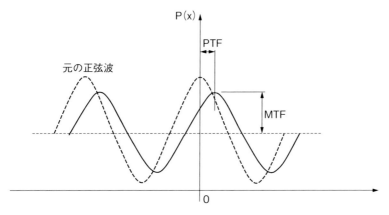

図2　OTF、MTF、PTFの関係

第12章 光学系の評価と最適化

12–5 MTF 図の読み方

図1に実際の MTF 計算結果を示します。スポットダイヤグラム（図2）をメリディオナル方向、サジタル方向に分解してフーリエ変換した結果がグラフの左の列と右の列です。そして横収差図と同じで上が画面中心の MTF、下にいくに

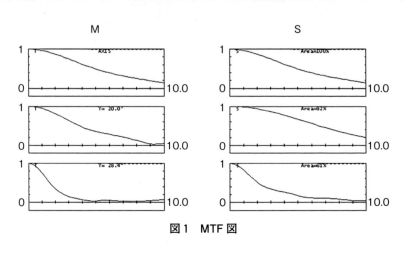

図1　MTF 図

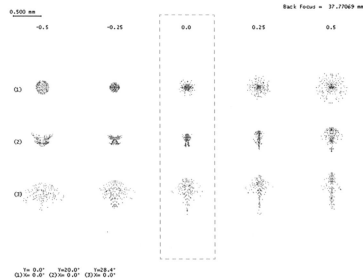

図2　MTF 計算に用いた光学系のスポットダイヤグラム。点線内の分布をフーリエ変換しています。

従って画面周辺のMTFを表します。一つ一つの図を見ていきますと横軸は空間周波数、正弦波の白黒の細かさ、解像チャートで言いますと1mmあたりに白黒のチャートの組が何個あるかを表示してあります。縦軸はMTFです。1ということは、その周波数のチャートは完全に再現されているということです。逆にMTFが下がるということは明るさの強弱を表す正弦波の振幅が小さくなってしまうこと、明暗の差がなくなってくることを表します。ある限度を超えると明暗が認識できなくなり、二つの山の分離ができなくなります。灰色になって埋もれてしまうわけです。

またMTFの特徴に、例えば100 LP/mmまでMTFが30％程度をキープしてそのくらいの解像力はあるなとわかりますが、それより低周波数の画像のコントラスト、再現状態の表現力があります。同じピークの解像力であっても低周波数域でのコントラストの高いもの、低いものといろいろあって、光学系の個性が出ます。例えば画面を白黒で2等分するような大胆な模様の白黒の境界のエッジ（図3）の立ち上がりの鋭さには、高周波領域のMTFだけでなく低周波数領域のMTFも大きな影響を与えます（参考文献19）。

図4には解像力型(a)、コントラスト型(b)のPSFを示します。

(a)は(b)に比べ、PSFが鋭く、より細かい模様の再現が可能でMTFも高周波領域まで伸びます。ただ、PSFの根元の方の広がりは(b)より広く、光全体の広がりのより狭い(b)の方が中から低周波数領域におけるコントラストが高くなります。

光学設計者は光学系の使用用途に応じて低周波数領域でも十分にMTFの高い設計をするように意識する必要があります。

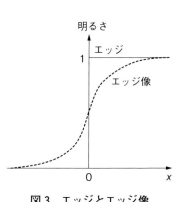

図3　エッジとエッジ像

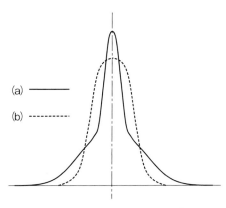

図4　異なるPSFのタイプ
(a)解像力型　(b)コントラスト型

12-6　コンピュータによる最適化

　これまで光学系の構造・収差について色々説明させていただきました。必要とされる仕様の基本形を組み立て、収差補正を行い、所望の解像性能を実現させるのが光学設計です。確かに収差補正は一筋縄ではいかない複雑な作業ですが、現代では実際には収差補正の部分は最適化、あるいは自動設計という機能が光学設計プログラムには備わっていて、コンピュータによって行われます。これにより飛躍的に設計時間は短縮されています。

　もし設計を始めたばかりの人が収差補正を任されたらどうするでしょうか？　多分、設計時にパラメータとして用いることのできる変更可能な曲率半径や間隔などを少しずつ動かして結果を見てみるのではないでしょうか？　当然、焦点距離、倍率などの近軸的な知識、そして収差を分類して整理する収差論の知識などが結果を吟味するためには必要になってきます。この調査を何度も繰り返すとどこを動かすとどう収差などが変化するか、というデータベース、変化表ができます。もちろんこれを作っただけではレンズは良くならないので、この変化表を見て、どこをどうして、こちらをこうして、とパズルを解くように考え、レンズ形状、位置の変化について試行錯誤することになります。簡単に言えば、この作業を自動化するのが最適化の機能です。変化表はコンピュータであれば一瞬で作ってしまいます。またその結果から、連立方程式を解くように収差全体を小さくする曲率、間隔、場合によっては屈折率、アッベ数の組み合わせを計算してくれます。変化表の結果がパラメータの変化と比例的に動くと仮定してコンピュータは計算してきますので実際には、収差は比例的に変化しないので、あまり大胆な変化を採用しないようになっています。少しずつじわじわ良くしていくstepを何度も重ねていきます。この手法は光学設計ソフトの最適化手法としては主流になっている減衰最小自乗法（DLS）と呼ばれるものです。

　光線追跡においてだけでなく、収差補正のこうした方法論においてもコンピュータは当然圧倒的な力を持ちます。ですから今日、光学設計にはなくてはならない機能であることに間違いはありません。簡単なレンズであれば基本配置→最適化という過程で、直ちに収差補正が終わってしまうことも稀ではありません。図1には、短い計算時間にもかかわらず、歴史的なレンズタイプに近いものが再現されています。左のデータから右のデータへは最適化のスイッチを押すだけです。

12-6 コンピュータによる最適化

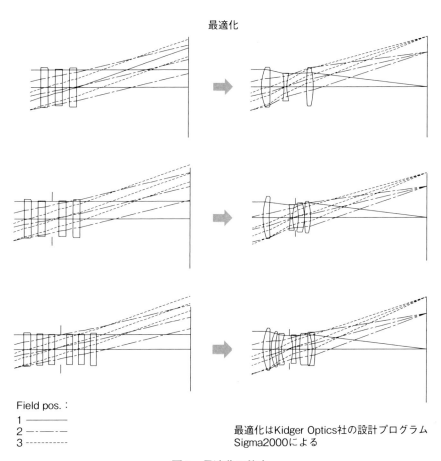

Field pos.：
1 ——————
2 —・—・—
3 ----------

最適化はKidger Optics社の設計プログラム Sigma2000による

図1 最適化の能力

Triplet以外のレンズの硝材の種類は左の平板ガラスの初期データにおいて、あらかじめ決めてある。
実行時間は数秒。
F4 半画角20度：共通

12–7　最適化における対応力

　幸いにも簡単に前項のように最適化が終了することもありますが、少し光学系が難しくなると、最適化機能がレンズ設計を簡単に終わらせてくれるわけにはいかなくなります。

　コンピュータによる最適化においては以下の問題が出てきます。

1) 光学系の良し悪しを決める評価値はコンピュータの判断のため、一つでなくてはならない。ただ、光学系の性能は多面的な要素で決まるので、無理に単一評価尺度に落とし込むときに問題が起こる。
2) 光学系の構造に無理があると、その根本的なところは改善してくれない。例えばレンズの枚数を変化させたり、あるいは非球面を増やしたり減らしたり、非球面となる面を取り換えたりすることが苦手である。
3) 評価関数が改善される光学系の形状、配置を探してくれるが、現状に近いところで、一旦評価関数がバランスして変化しなくなると動きが止まってしまう。局所的な解に落ち込む。
4) 実際に存在するガラスを用いての最適化が十分に行えない。

　これらの問題は、改善されつつあり、また時間とともに解決されていく面も大いにあります。また、より大局的な最適化手法も実用化されてきています。しかし当面はこれらの問題には設計者が介入して解決していかなければなりません。難しい仕様の設計に相対する場合には介入し続ける、というのがレンズ設計最適化作業における実際です。そして設計者には、次のことを行える能力が望まれます。

1) 評価関数を構成する様々な収差の重要性の度合いを設計の状況に応じて認識できる。
2) 無理な要求をコンピュータに課さない。構造的に不可能なことの認識。
3) 大きな変化を光学系に加えられるアイディアがある。
4) 屈折パワー、そしてガラスの基本的な配置・変更ができる。
5) コンピュータの計算内容をある程度理解している。

　もちろん、そこには近軸的な構成を行える能力、そして収差図、MTFなどの評価結果を理解でき収差補正に反映できる能力も必要です。こうしたことへの基本を提供するのが本書の目的でもありました。またこれは非常に重要なことですが、製造可能な光学系、製造しやすい光学系を設計するための見識と考察も必要

です。

図1に減衰最小自乗法（DLS）（参考文献10、13）について簡単に説明させていただきます。

$P = (x_1, x_2, x_3 \cdots xn)$
現状の曲率、間隔、屈折率 (r, d, n) などのパラメータの集合

$Q = (x_1, x_2, x_3 \cdots xn)$
変化させた r, d, n などのパラメータの集合。

$F(\ )$
r, d, n などのパラメータに対応する評価量
例えば特定のQの組の時の、歪曲収差、スポットサイズなどの計算結果の集合。

F_t
目標とする評価項目の集合。
例えばスポットサイズを何ミリ以下にしたいとか、そのような目標。

メリット関数と呼ばれる単一の量 ϕ
コンピュータは一つの値からしかレンズの良し悪しの判断がつかない。そのため、この値が必要になる。この値を小さくなることが望まれる。当然、メリット関数の作り方が不適切だと設計結果も良くない。

最小自乗法

$$\phi = \sum w\{F(Q) - F_t\}^2 \quad —(1)$$

収差ごとのウエイト
重要な収差には大きなウエイトをかける。

あるQの集合（レンズの設計データ）を採用した時の評価項目ごとの目標値からのズレ。

Δx つまり Q を決めれば、多数の(2)式よる、個別の F ごとの方程式ができる。(1)式にこれら F の集合を代入してメリット関数 ϕ が得られる。$F_t = F$ となるような解に一番近いメリット関数 ϕ の最小値をもたらす Q （レンズ設計データ）を、最小二乗法で探すことになる。

r, d, n などのパラメータが個別に微小変化した際の特定の評価項目 F の微小変化の具合、感度。変化表を読むことにあたる。

$$F(Q) = F(P) + \sum \frac{\partial F}{\partial x} \Delta x \quad —(2)$$

それぞれのパラメータの変化分これに感度を乗じればその評価項目の変化量がわかる。

減衰最小自乗法

実際には x の変化に応じて各 F は比例的に変化していくわけではない。比例関係を前提に最小二乗法で進んでしまうと、とんでもない答えになってしまう可能性がある。そこで、x の変化が大きいとメリット関数が悪化するような項を加える。これが減衰最小二乗法なる所以。

$$\phi_d = \sum w\{F(Q) - F_t\}^2 + \rho \sum D(\Delta x)$$

図1 DLS法（減衰最小自乗法）（C. G. Wynne, M. J. Kidger 1967年発表）

〈参考文献〉
1) R. Kingslake, R. B. Johnson: Lens Design Fundamentals 2nd. edi. (Academic Press, Cambridge, 2010)
2) A. E. Conrady: Applied Optics and Optical Design (Dover, Mineola, 1985)
3) A. Walther: The Ray and Wave Theory of Lenses (Cambridge University Press, Cambridge, 1995)
4) W. T. Welford: Aberration Of Optical Systems (Adam Hilger, Bristol, 1986)
5) M. Berek (三宅和夫訳):レンズ設計の原理 (講談社、1981)
6) 油 大作:光学技術の基礎講座 (トリケップス、1993)
7) 一色真幸他、応用物理学会光学懇話会編:幾何光学 (森北出版、1984)
8) 小倉敏布:写真レンズの基礎と発展 (朝日ソノラマ、1995)
9) 岸川利郎:光学入門 (オプトロニクス社、1992)
10) 草川 徹:レンズ光学 (東海大学出版会、1988)
11) 草川 徹:レンズ設計者のための波面光学 (東海大学出版会、1976)
12) 高野栄一:レンズデザインガイド (写真工業出版社、1993)
13) 高橋友刀:レンズ設計 (東海大学出版会、1994)
14) 辻 定彦:レンズ設計のすべて (電波新聞社、2006)
15) 中川治平:レンズ設計光学 (東海大学出版会、1986)
16) 早水良定:光機器の光学Ⅰ、Ⅱ (日本オプトメカトロニクス協会、1995)
17) 松居吉哉:レンズ設計法 (共立出版、1972)
18) 牛山善太、草川 徹:シミュレーション光学 (東海大学出版会、2003)
19) 牛山善太:波動光学エンジニアリングの基礎 (オプトロニクス社、2005)

著者紹介

牛山善太（うしやま　ぜんた）

株式会社タイコ代表取締役社長　博士（工学）
1957年東京生まれ。東京理科大学理学部物理学科卒業。株式会社トキナー光学にて一眼レフカメラ用ズームレンズの光学設計に従事。太陽光学株式会社を経て1991年に株式会社タイコ設立。光学設計、開発、製作、コンサルティング、ソフトウェア開発を主な業務とする。顕微鏡、内視鏡、半導体検査装置・露光装置用光学系、プラネタリュウム投影系、ホログラム記録・読み取り用光学系からLED照明光学系、医療用無影灯、TVスタジオ照明系に至まで多様な光学系を開発。光学設計ソフトウエアーに関する旧Kidger社（英）、OPTIS社（仏）、LightTrans社（独）の技術アドバイザーを務める。2006—2010年、東海大学工学部光・画像光学科（レンズ設計）非常勤講師。2020年より（社）日本オプトメカトロニクス協会（JOEM）光学系設計技術部会長。

シッカリ学べる！
「光学設計」の基礎知識　　　NDC 425

2017年 5 月25日　初版 1 刷発行
2024年 4 月30日　初版 8 刷発行

定価はカバーに表示してあります

Ⓒ　著　者　　牛山　善太
　　発行者　　井水　治博
　　発行所　　日刊工業新聞社
　　　　　　　〒103-8548
　　　　　　　東京都中央区日本橋小網町14-1
　　電　話　　書籍編集部　03（5644）7490
　　　　　　　販売・管理部　03（5644）7403
　　F A X　　03（5644）7400
　　振替口座　00190-2-186076
　　U R L　　https://pub.nikkan.co.jp/
　　e-mail　　info_shuppan@nikkan.tech
　　印刷・製本　美研プリンティング㈱（5）

落丁・乱丁本はお取り替えいたします。　　2017 Printied in Japan
ISBN 978-4-526-07712-8　C3054

本書の無断複写は、著作権法上での例外を除き、禁じられています。